과학,❶
수다

과학 수다 ①

뇌 과학에서
암흑 에너지까지
누구나 듣고 싶고
말하고 싶은
8가지 첨단 과학
이야기

이명현 · 김상욱 · 강양구

사이언스 북스
SCIENCE
BOOKS

과학자의 수다에는 뭔가 특별한 것이 있수다!

정재승 KAIST 바이오및뇌공학과 교수

2005년 여름, 몇몇 과학자들은 매주 포항 공과 대학교 무은재 기념관 5층에 모여 유쾌하기 짝이 없는 아이디어 회의에 여념이 없었다. KAIST 총장으로 잘 알려진 노벨 물리학상 수상자인 로버트 러플린 박사가 아시아 태평양 이론 물리 센터(Asia-Pacific Center for Theoretical Physics, APCTP) 소장으로 취임하면서 '과학자들의 생각을 세상이 읽을 수 있도록 과학 미디어를 만들라.'는 미션을 던졌다. 그것이 과학이 오래 살아남는 법이라고 그는 믿었다.

이를 위해 《크로스로드(Crossroads)》라는 잡지를 창간하게 됐고, 나는 그 잡지의 초대 편집장이 되었다. 과학자와 문학 평론가로 구성된 편집 위원들은 매주 모여 과학을 문화처럼 향유하는 생활양식을 갖기 위해, 과학적인 주제들에 대해 합리적인 논쟁과 소통이 가능한 사회를 위해, 과학 소설을 환대하는 매체를 만들기 위해, 날마다 토론을 했다.

도시락을 먹으며 출발한 점심 미팅은 어느새 저녁을 지나 새벽이 되어야 끝났다. 그리고 매번 진지하게 출발한 회의는 이내 유쾌한 수다로 마무리되곤 했다. 밤이 깊어질수록 우리의 수다는 더 깊고 보다 넓어졌다. 새벽이슬을 맞으며 숙소로 돌아오면서, 우리는 종종 이런 말을 주고받곤 했다. "우리의 수다를 책으로 만들면 이게 진짜 대박인데!"

우리는 정말로 진지하게 《크로스로드》에 '과학자들의 수다'를 한 코너로 만들려고 했다. 바쁜 과학자들에게 원고를 요청하는 것보다 두세 시간 수다를 요청하는 게 훨씬 손쉬워 보였다. 무엇보다도, 그들의 대화는 지적이고 유쾌하고 기발할 것이며 어디로 튈지 종잡을 수 없기 때문에 더 흥미로울 것 같았다. 하지만 끝내 실현되지는 못했다. 신중하지 못한 말들을 잡담처럼 쏟아 내는 것에 대해 과학자들이 불편해 했기 때문이다.

그 후, 한국 물리학회의 학회지인 《물리학과 첨단 기술》에서도, 또 KAIST가 야심차게 대학 출판부를 만들어 ㈜사이언스북스와 함께 책을 만들기로 하면서, 과학 수다는 다시 한 번 수면 위로 올라왔다. 특히 과학 수다에 대해 내가 깊은 애정이 있다는 사실을 사이언스북스 편집장은 익히 알고 있던 터라, 야심차게 시작해 보자고 의기투합이 되기도 했다. '과학 분야에, 이제 콘서트의 시대가 가고 수다의 시대가 온다.' 식의 광고 카피를 쓰면 어떻겠느냐는 농담도 주고받았다. 과학이 일상의 수다처럼 우리들의 삶 속에 가까이 다가갈 수 있기를 간절히 바라는 마음이 서로 통했기 때문이다.

하지만 'KAIST 명강' 시리즈를 먼저 출발하면서 과학 수다는 '앞으로 만들어야 할 책 리스트'에 안착하게 되었다. 그 사이 누군가라도 먼저 만들어 준다면 기꺼이 아이디어를 뺏기고 싶은 그런 책으로 말이다.

그런데 바로 그 유쾌한 일이 벌어지고 말았다. 《크로스로드》에 함께 참여했던 강양구 기자가 《프레시안》이라는 유연한 매체에 과학 수다를 기획해 연재하고, 지금은 《크로스로드》의 편집 위원들이 된 김상욱 교수, 이명현 박사 등이 여기에 참여하면서 아무도 용기를 내지 못한 이 기획이 세상의 빛을 보게 된 것이다.

그 결과물은 내가 생각한 것보다 훨씬 더 흥미로웠으며 전혀 경박하지 않았다. 기생충에서부터 암흑 물질까지 소재를 가리지 않고, 양자 역학에서부터 복잡계 과학까지 온갖 이론이 난무하면서, DNA 같은 머리 지끈거리는 개념에서부터 빅 데이터와 3D 프린팅 같은 트렌디한 이슈까지, 과학자들의 수다는 종횡무진 거침이 없었다. 나는 이 책이 이렇게 근사하게 출간되는 데 실질적으로는 아무런 기여를 하지 않았지만, 오랜전부터 '과학 수다를 하면 좋겠다.'는 수다를 떨었다는 이유만으로 영광스럽게 이 책의 첫 장을 장식할 수 있게 됐다. 기쁘고 영광스런 순간이다.

생각은 누구나 떠올릴 수 있지만 그것을 세상에 내놓는 것은 아무나 할 수 없는 것! 이 책의 공로는 오롯이 '수다에 이름을 올린, 우리나라의 내로라하는 과학자이자 재담꾼들'에게 돌아가야 한다. 그들은 물질과 에너지로 가득 찬 이 우주가 어떻게 생겼는지 우리가 상상할 수 있도록 도와주고 있으며, 복잡한 세상의 이면을 살펴보는 데 인간의 지성 정도면 충분할 수 있을 거란 자신감도 주었다. 무엇보다도, 우주와 자연과 생명과 의식은 그 자체로 더없이 경이롭지만, 그것을 탐구하는 과학자들의 지적 노력도 그 못지않게 경이롭다는 것을 일상의 언어로 일깨워 주었다.

과학자들과의 수다는 진지하고 유머러스하며 즐겁다. 이 책의 미덕은 과학자들을 자주 만날 기회가 없는 독자들에게 그들의 머릿속을 엿볼 수 있는 기회를 제공해 준다는 데 있다. 그들은 종종 (심지어 술자리 앞에서도!) 자신의 직업병을 숨기지 못하고 논쟁하길 즐겨하지만, 그것이 얼마나 진지하면서도 유익한지 이 책은 깨닫게 해 준다. 과학자들을 만나게 되면 꼭 묻고 싶었던 것들을 모더레이터들이 대신 물어 준 덕분에, 독자들은 마치 과학자들과 대화하는 듯한 경험을 하게 된다. 이 책이 독자들로 하여금 과학자에 대한 거리감을 좁히고 과학을 좀 더 친근하게 생각하는 데 기여하길 바란다. 그리고 개인적으로는, 이 유쾌한 과학 수다 때문에 콘서트의 시대가 끝나지 않기를 간절히 바란다.

어쩌면, 태초에 '수다'가 있었다!

강양구 《코메디닷컴》 콘텐츠 본부장

모든 것이 그날의 수다에서 시작되었다. 2011년 늦여름, 이명현과 강양구는 합정역 언저리의 카페에서 다른 지인 몇몇과 수다를 떨고 있었다. 여러 얘기가 오가던 가운데 과학을 둘러싼 다양한 이야기를 기존의 구태의연한 방식이 아닌 다른 모습으로 독자와 나눠 보자는 제안이 나왔다.

사실 둘은 이미 다른 과학자 몇몇과 팀을 이뤄서 화천의 시골 학교를 방문해 중학생을 상대로 1박 2일 강연도 해 보고, 서대문 자연사 박물관, 전국의 도서관, 홍익 대학교 인근의 문화 공간에서 여러 과학 주제를 놓고서 콘서트 형식의 릴레이 강연도 해 본 터였다. 그러니까 이런 형식 말고 다른 무엇인가를 해 보자는 것이었다.

기존에 과학이 소비되는 방식을 놓고서도 불만이 있던 터였다. "초등학생도 이해할 수 있도록 설명해 달라."는 요구는 근대 과학 혁명 이후에 짧게는 수백 년 동안 켜켜이 쌓인 지식에 당대 과학자의 탐구가 결합된 현대 과학에 대한 어처구니없는 결례가 아닌가! 지금은 '쉽게'보다는 '친절하게' 과학 이야기를 하는 자리가 필요하지 않을까?

그날의 수다는 평소와는 다르게 좀 더 구체적인 모습으로 발전했다. 과학자 몇몇이 모여서 한 가지 주제를 놓고서 자유롭게 수다를 떨어 보면 어떨까, 그리고 그런 수다를 가능한 한 현장의 분위기는 최대한 살리면서도 정보로서의 가치는 훼손되지 않게 가공해서 독자에게 소개하면 어떨까 등.

마침 그 즈음에 빛보다 빠른 물질이 발견되었다는 충격적인 보도가 나왔다. 이명현, 강양구에 더해서 수다라면 어떤 분야를 놓고서도 빠지지 않는 이강영 박사, 이종필 박사 그리고 박상준 SF 평론가가 평창동의 한 카페에서 모였다. 거의 세 시간이 넘도록 과학과 사회, 가상과 현실, 과거와 현재를 넘나드는 수다가 이어졌다. 말 그대로 '경이로운' 수다였다.

그리고 바로 그때 '과학 수다'가 세상에 선보였다.

그렇게 시작한 과학 수다는 일상의 수다가 종종 그렇듯이 계속해서 이어지진 않았다. 그러다 아시아 태평양 이론 물리 센터(APCTP)가 '과학 수다'를 통해서 만들어진 콘텐츠를 공식 웹진《크로스로드》에 신기로 하면서 상황이 급변했다. 이때 역시 수다 하면 빠지지 않는 물리학자 김상욱도 의기투합했다. 이명현-김상욱-강양구의 과학 수다 트리오가 진용을 갖춘 것이다.

2012년 12월부터 2014년 3월까지 총 열다섯 번의 과학 수다가 진행되었다. 그 과정에서 우리는 수다야말로 '과학의 경이로움'을 독자와 가장 효과적으로 나눌 수 있는 경이로운 수단이라는 사실을 새삼 확인했다. 이런 대발견을 놓고서 우리끼리만 즐거워하는 게 너무 아쉬워서 내놓은 것이 바로 이 책『과학 수다』다.

'과학 수다'는 암흑 에너지, 힉스 입자, 생명 현상 같은 현대 과학의 핵심부터 핵에너지, 3D 프린팅, 빅 데이터 같은 현안까지 다양한 주제를 넘나들었다. 그 과정에서 우리는 새삼 '과학이 얼마나 재미있는 것'인지를 다시 한 번 깨달았다. 각각 천문학과 물리학을 연구하는 과학자인 우리조차도 잠시 '과학의 재미'를 잊었던 것이다.

사실 과학 수다의 작은 성과 가운데 하나는 고등학교부터 대학까지 과학자가 되기 위한 훈련을 받았으면서도 정작 과학의 경이나 재미에는 도통 관심이 없었던 강양구의 변화다. 과학자의 수다에 떡 벌어진 입을 다물 줄 모르며 감탄사를 연발하는 그의 변화를 보는 것도 과학 수다의 큰 즐거움 가운데 하나였다.

각각의 수다에 더해서 과학과 사회를 아우르는 색다른 얘깃거리의 단초를 제공하겠다며 강양구가 붙인 짧은 메모를 읽을 때, 이런 그의 변화를 염두에 두면 재미가 더할 것이다.

우리는 '과학 수다'를 통해서 깊이 있는 콘텐츠가 어떻게 만들어지는지를 놓고서 한 모범을 보여 주고 싶었다. 우선 수다의 모든 내용을 녹음하고 나서, 전문 속기사 황영희 선생님의 도움으로 완벽한 녹취록을 만들었다. 강양구의 컴퓨터 안에 들어 있는 현장 녹음 파일과 이 녹취록은 훗날 지금의 과학 문화를 증언하는 소중한 사료로 자리매김할 것이라 확신한다.

이 녹취록을 기반으로 초고를 만드는 작업은 한 편의 영화 촬영과도 같았다. 현장의 분위기는 가능한 한 생생히 살리되, 필요에 따라서 대화의 순서를 바꾸거나 내용을 추가했다. 그 과정에서 '과학 수다'에 참여한 과학자가 추천한 논문이나 책 등도 참고했고, 경우에 따라서는 강양구가 전화나 이메일로 추가 인터뷰도 진행했다.

이렇게 만들어진 인터뷰 초고를 수다에 참여한 과학자들이 검토하는 과정이 이어졌다. 이 과정에서 때로는 다시 한 번 내용의 일부가 첨삭되었다. 그러고 나서, 세 사람이 최종 원고를 같이 읽으며 마지막으로 오류가 없는지, 혹은 좀 더 나은 설명 방법은 없는지를 고민했다. 단언컨대, 가벼운 콘텐츠가 쉽게 만들어지고, 또 쉽게 소비되는 세태와는 다른 모습이었다.

《크로스로드》에서 '과학 수다'가 연재되는 동안 독자로부터 과분한 사랑의 말을 들었다. 어려운 과학 이야기를, 핵심적인 내용을 비켜가지 않으면서도 친절하게 들려주는 콘텐츠에 독자들이 목말라하고 있었다는 것을 새삼 확인할 수 있었다. 이제 이 책 『과학 수다』를 통해서 좀 더 많은 독자들이 그런 감흥을 다시 한 번 느낄 수 있으리라고 확신한다.

'과학 수다'에 즐겁게 참여한 과학자 여러분에게도 이 자리를 빌려서 다시 한 번 감사의 인사를 전한다. 이 책을 통해서 독자들은 우리나라 과학자들이 연구의 깊이뿐만 아니라 세상을 대하는 식견에 있어서도 세계 어떤 과학자와 비교해도 손색이 없음을 새삼 확인할 수 있을 것이다. 이제 과학 이야기도 한국의 과학자가 우리 입말로 직접 할 수 있는 때가 왔다.

이 책은 '과학 수다' 첫 번째 시즌의 최종 결과다. 더 재미있는 주제를 갖고 두 번째 시즌에서 다시 만날 것을 약속해 본다. 욕심 같아서는 이 책을 계기로 전국 곳곳에서 또 다른 '과학 수다'가 웅성웅성, 왁자지껄 나왔으면 좋겠다. 허락만 한다면, 그 과학 수다에 우리를 초대해도 좋다.

우리의 작업을 항상 응원하며 애정과 관심을 아끼지 않는 정재승 박사에겐 미안한 일이지만 정말로 이제 '콘서트'의 시대는 가고 '수다'의 시대가 왔다. 우리의 '과학 수다'는 앞으로도 계속될 것이다.

2015년 5월
필자를 대표해서 강양구

차례

1

암흑 에너지

아인슈타인도
홀린
암흑의 힘

내가 거의
우주여!!

dark energy

황재찬

경북 대학교
천문 대기 과학과
교수

이종필

건국 대학교
상허 교양 대학 교수

이명현

과학 저술가 /
천문학자

강양구

《코메디닷컴》
콘텐츠 본부장

밤하늘은 항상 매혹적입니다. 그래서인지 우리의 전래 동화부터 그리스 신화, 인디언 신화 등 전 세계 곳곳에서 밤하늘의 별자리를 둘러싼 온갖 얘기들이 전해 옵니다. 그런데 어느 순간부터 밤하늘의 비밀이 하나둘씩 밝혀지고 있답니다. 급기야 상당수 과학자들은 이렇게 공언합니다. "이제, 우리는 밤하늘의 비밀을 정밀(precise)하게 안다!"

그렇게 큰소리를 치는 과학자들이 밝힌 밤하늘, 즉 우주의 비밀은 다음과 같습니다.

우주는 약 137억 년 전 대폭발(Big Bang)로 탄생했다. 우주는 마치 풍선이 부풀듯이 계속 팽창한다. 놀랍게도 팽창 속도도 계속 빨라지고 있다. 그런 가속 팽창의 원인은 '암흑 에너지(dark energy)'다. 이 암흑 에너지는 우주 전체의 약 72퍼센트를 차지한다. 그리고 우주의 약 23.3퍼센트는 '암흑 물질(dark matter)'이다. 원자와 같은 보통의 물질은 약 4.6퍼센트다.

어때요, 그럴듯합니까? 이런 과학자의 큰소리를 듣고 있노라면, 이제 더 이상 우주의 신비 따위는 발붙일 곳이 없을 듯합니다. 실제로 과학자들은 우주에 대한 자신들의 이해를 '정밀 우주론(precision cosmology)' 혹은 '조화 우주론(concordance cosmology)'으로 부릅니다. 상당히 오만하지요?

그런데 가만히 들여다보면, 사정이 그렇게 간단치 않습니다. 앞에서 열거한 우주의 구성 요소 중에서 우리가 직접 관찰할 수 있는 물질은 단 0.5퍼센트에 불과합니다. 원자로 간주되는 4.6퍼센트의 물질 대부분도 빛을 내지 않기 때문에 직접 관찰이 어렵습니다. 우주의 구성 요소 중 대부분을 차지하는 암흑 에너지나 암흑 물질로 눈을 돌려 보면 상황은 더욱더 복잡하지요.

실제로 암흑 물질의 정확한 명칭은 '미지의 물질(unknown matter)'이 되어야 마땅합니다. '암흑 물질'이라는 그럴듯한 이름으로 불리지만, 그것이 도대체 무엇인지는 아무도 모릅니다. 심지어 그것이 하나의 단일한 물질인지 아닌지도 가늠하지 못하는 상황입니다. 소수의 회의론자는 암흑 물질이 존재하는지를 놓고도 의문을 품습니다.

우주의 구성 요소 중 3분의 2를 차지하는 암흑 에너지 역시 정확한 명칭은 '미지의 에너지(unknown energy)'입니다. 이 암흑 에너지는 암흑 물질보다 그 정체가 더욱더 아리송합니다. 그래서 심지어 어떤 과학자는 암흑 에너지의 원천이 되는 미지의 물질을 '제5원소(quinta essentia)'라고 부릅니다. 아리스토텔레스가 얘기한 '천상의 물질' 말입니다.

이제 상황이 대충 짐작이 되지요? 우리는 우주의 단 0.5퍼센트만을 파악하고 있을 뿐, 나머지 99.5퍼센트는 그것이 무엇인지 아직 감도 못 잡고 있습니다. 그런데 왜 상당수 과학자는 우리가 이런 '미지의 것'을 정밀하게 안다.'고 큰소리를 치는 것일까요? 도대체 그들의 자신감은 어디서 비롯된 것일까요? 그리고 그런 자신감의 끝은 희극일까요, 비극일까요?

천문학자 황재찬 경북 대학교 교수가 이런 도발적인 질문을 던집니다. 천문학자 이명현 박사, 물리학자 이종필 박사도 함께 가이드로 나섰습니다. 자, 이제 밤하늘의 신비를 둘러싼 흥미진진한 논쟁의 장으로 들어갈 시간입니다.

우리 우주의 구원자, 암흑 에너지

강양구 오늘은 '암흑 에너지'와 '암흑 물질'을 놓고서 얘기를 나눠 보죠. 그런데 처음부터 말 그대로 캄캄하군요. (웃음) 어디서부터 시작해야 할지 좀 막막한데요.

이종필 물리학자이긴 하지만 저도 우주론은 깊이 있게 알지는 못해요. 그러니 오늘은 저도 독자 입장에서 이것저것 물어보면서 한 수 배우고 싶습니다. 우선 우주와 관련한 가장 기본적인 얘기부터 시작하는 게 어떨까요? 사실 20세기에 이뤄진 여러 과학 발견 중에서 가장 쇼킹한 것 중 하나는 '우주의 팽창' 아닐까요?

강양구 우주가 흔히 '빅뱅(Big Bang)'이라고 부르는 대폭발에서 시작해서 현재의 상태가 되기까지 계속 팽창해 왔다는 거죠? 지금 이 순간도 팽창하고 있고요.

황재찬 네, 1929년에 미국의 천문학자 에드윈 허블이 발견했지요. 그런데 허블 얘기를 하기 전에 알베르트 아인슈타인 얘기를 하지 않을 수 없네요. 현대

의 우주에 관한 이론이 바로 아인슈타인이
1917년에 쓴 독일어 논문 「일반 상대성 이론
으로 본 우주(Kosmologische betrachtungen
zur allgemeinen Relativitätstheorie)」에서 시
작하거든요.

암흑 에너지는 아직
그 실체를 모르는
미지의 에너지네요?

이 논문에서 아인슈타인은 '정적 우주'
모형을 제안합니다. 아인슈타인은 "우주는
팽창하지도, 수축하지도 않은" 정적인 상태
라고 주장합니다. 그런데 이렇게 우주가 정적
인 상태를 유지하려면 뭐가 필요할까요? 지
구가 태양 주위를 도는 건 서로를 끌어당기는 중력 때문이잖아요. 우주 전체로
시야를 넓혀 봐도 우주의 구성 요소들이 이렇게 서로를 끌어당기겠죠.

강양구　　그러면 결국 우주는 중력의 끌어당기는 힘 때문에 수축하거나 붕괴
하겠네요.

황재찬　　정적인 상태였다면 끌어당기는 힘 때문에 수축하겠지만 팽창 중이었
다면 팽창 속도가 감속하겠지요. 우주를 영구히 정적인 상태로 만들기 위해서
아인슈타인은 앞에서 이야기한 1917년의 논문에서 '우주 상수'를 제안합니다.
그 실체가 무엇인지는 모르지만, 우주에는 각각의 구성 요소들이 서로를 끌어
당기는 힘을 상쇄할 만한 어떤 가상의 미는 힘이 존재한다는 거예요. 그리고 그
힘을 수식에서는 특정한 우주 상수를 도입함으로써 표현한 거죠. 원하는 결과
를 위해 중력 이론을 바꾸는 약간 편의적인 방식이었죠.

그런데 허블이 1929년에 이런 아인슈타인의 뒤통수를 친 셈이에요. "우주가
팽창한다."는 충격적인 사실을 밝혀내죠. 아인슈타인은 결국 허블의 발견에 승
복하고 1931년에 자신이 억지로 도입한 우주 상수를 포기합니다. 하지만 앞으

로 살펴보겠지만 아인슈타인이 애초 제안한 우주 상수는 지금 와서 굉장한 영향력을 발휘하고 있어요.

이명현 이제 암흑 에너지 얘기를 해야 할 때인데, 그 전에 허블의 발견 이후에 있었던 논란을 간단히 언급하고 넘어가죠.

일단 "우주가 팽창한다."는 사실을 인정하면, 곧바로 꼬리를 문 이런 질문이 나오죠. 그럼 팽창하기 전의 우주는 도대체 어떤 상태였을까? 지금이야 우리는 우주의 시간을 거꾸로 돌리면 모든 물질이 한 점으로 모여 있는 상태로 돌아간다는 걸 알고 있어요. 그리고 그런 상태가 대폭발로 깨지면서 우리 우주가 시작됩니다.

당시만 하더라도 과학자들은 이런 '대폭발'을 선뜻 받아들이기 어려웠어요. 그래서 상당수의 과학자는 다른 가설을 지지합니다. 아인슈타인이 앞서 얘기했듯이, 우주는 옛날이나 지금이나 같은 꼴이라는 겁니다. 단, 모든 방향으로 같은 비율로 팽창하고 있을 뿐이라는 거지요. 이것이 바로 '대폭발 이론(Big Bang Theory)'과 경쟁한 '정상 상태 이론(Steady State Theory)'입니다.

지금이야 초등학생도 우주의 탄생이 '대폭발'이라는 걸 상식처럼 알잖아요? 그런데 당시에는 대폭발 이론을 옹호하는 이들이 오히려 소수였어요. 사실 '대폭발'이니 '빅뱅'이니 하는 멋진 이름도, 정상 상태 이론을 옹호하는 과학자 몇몇이 "우주가 빵(Bang) 하고 시작했다고?" 하면서 비아냥거린 데서 비롯된 거고요. (웃음)

이종필 1965년에 우주 배경 복사가 관측되면서 대폭발 이론은 결정타를 날리죠. 우주 배경 복사는 대폭발의 흔적이 우주 곳곳에 골고루 퍼져 있는 거라고 이해하면 될 거예요. 그런데 여기서 우리는 아까 아인슈타인이 우주 상수를 도입할 때 했던 고민과 똑같은 질문을 마주하게 됩니다. '대폭발 이후에 우주가 팽창한다는 건 OK! 그럼, 우주의 미래는 어떻게 될까?'

우주의 구성 요소 간에는 서로 끌어당기는 중력이 작용하고 있어요. 그렇다면 직관적으로 생각하면, 우주가 팽창하는 속도는 중력의 영향 때문에 점점 감소해야 하잖아요. 그런데 1998년에 그런 직관에 반하는 현상이 관측된 거예요. 초신성(supernova)을 관찰했더니, 오히려 우주의 팽창 속도가 점점 빨라지고 있다는 거예요.

강양구 '빅뱅' 또는 '초신성' 하면 아이돌 그룹을 떠올리는 이들이 많을 텐데……. (웃음) 어두웠던 항성이 갑자기 큰 폭발을 일으켜서 며칠 사이에 100만 배 이상 밝아지는 별이 초신성이죠.

이명현 네, 바로 그 초신성을 관찰해서 우주의 팽창 속도가 점점 빨라진다는 사실, 다시 말하면 과거에는 우주의 팽창 속도가 지금보다 더 느렸다는 사실을 관측한 이들 3명이 2011년 노벨 물리학상의 주인공이 되었지요.

황재찬 1998년 관측 이전에도 상당수 과학자는 우주가 가속 팽창할 가능성을 제기했어요. 왜냐하면 가속 팽창을 전제하지 않으면 우주의 나이를 둘러싸고 굉장히 난감한 문제가 생기거든요. 우주의 나이가 오래된 천체의 나이보다도 적다는 우스꽝스러운 자체 모순에 빠진다는 겁니다.

좀 더 자세히 설명해 볼게요. 지금 우리가 아는 우주의 팽창률(우주의 팽창 속도인 이 팽창률을 허블 상수라고 합니다.)로 계산하면 우주의 나이를 이론적으로 가늠할 수 있어요.

그런데 1990년대까지도 그렇게 가늠한 우주의 나이가 100억 년에서 130억 년 정도였어요. 허블 상수의 값에 따라 다르긴 했지만 말이죠. 그런데 이렇게 계산한 나이는 결정적으로 별들에 대한 관측 결과와 맞지 않았습니다. 당시에 가장 늙은 별의 나이를 150억~160억 년 정도로 보았거든요. 이건 앞뒤가 안 맞잖아요? 우주의 나이가 130억 년인데, 우주의 구성 요소인 별의 나이가 150억 년이라니.

이명현　현재는 더 정확하게 측정한 우주
의 팽창률을 바탕으로 우주의 나이를 137억
년 정도로 보고 있어요. 좀 더 정확하게 살펴
본 늙은 별의 나이도 대충 이에 근접하고요.

아인슈타인은
"우주는 팽창하지도,
수축하지도 않은" 정적인
상태라고 주장합니다.

황재찬　최근 우주의 나이를 계산한 값은
바로 가속 팽창 때문에 좀 더 늘어났고, 늙
은 별의 나이는 좀 더 줄어들면서 대략 137
억 년에 근접한 것입니다. 아무튼 앞에서 언
급한 우주의 나이를 둘러싼 역설을 해결하고자 몇몇 과학자들이 1970년대부
터 가속 팽창의 가능성을 제기했어요. 우주가 옛날에는 팽창하는 속도가 느렸
으리라는 거예요. 1998년 관측 결과, 이런 예측이 확인이 된 셈이죠.

이명현　그런데 이런 우주의 가속 팽창이 사실이라면, 곧바로 새로운 질문 하
나가 꼬리를 물고 나타나게 됩니다. 일상생활에서도 어떤 물체가 더 빨리 움직
이도록 하려면 외부에서 힘을 줘야 하잖아요? 그렇다면 우주가 점점 더 빨리
팽창을 하려면, 그것이 가능하도록 하는 미지의 힘이 있어야 하지 않겠어요?

이종필　이 지점에서 다시 아인슈타인의 아이디어로 돌아갑니다. 아인슈타인
은 우주가 천체들이 끌어당기는 힘(중력) 때문에 붕괴하지 않으려면 그것을 상
쇄해 주는 미지의 힘이 있어야 한다고 했잖아요. 그래서 우주 상수를 도입했고
요. 마찬가지죠. 이제 천체가 끌어당기는 중력을 상쇄할 뿐만 아니라, 오히려 가
속 팽창하게 하는 힘이 필요한 거예요.

이명현   바로 그 미지의 힘을 과학자들은 '암흑 에너지(dark energy)'라고 부릅니다. 특히 1998년 관측 결과를 보고 과학자들은 열광했지요. 왜냐하면, 가속 팽창이야말로 암흑 에너지의 존재를 증명하는 현상이라고 파악했거든요. 상당수 과학자들은 1998년 관측 결과를 곧 암흑 에너지의 존재 증명으로 받아들였지요.

강양구   그러니까, 암흑 에너지는 아직 그 실체를 모르는 미지의 에너지네요?

이명현   정확히 그래요. 사실 '미지의 에너지'가 정확한 명칭입니다. 암흑 에너지라고 하면 뭔가 실체가 있는 것처럼 보이니까요. 아무튼 현재는 이런 암흑 에너지가 전체 우주의 약 72퍼센트를 차지한다고 파악하고 있어요. 그 정도는 되어야 현재의 우주를 지탱하면서 가속 팽창을 할 수 있거든요.

우리 은하의 구원자, 암흑 물질

강양구   그런데 암흑 물질도 있잖아요? 최근에 레너드 서스킨드의 『우주의 풍경』(김낙우 옮김, 사이언스북스, 2011년)을 읽었는데, 서스킨드는 '암흑 물질(dark matter)' 밑에 이런 각주를 달아 놓았더라고요.

암흑 물질과 암흑 에너지를 혼동하면 안 된다. 암흑 에너지는 진공 에너지를 나타내는 다른 용어이다.

그 각주를 보고서 웃었던 적이 있어요. 사람들이 두 가지를 얼마나 헷갈리면 현대 우주론의 대가로 꼽히는 사람이 자신의 책에서 그런 각주를 달아 놓았을까, 이런 생각을 했거든요.

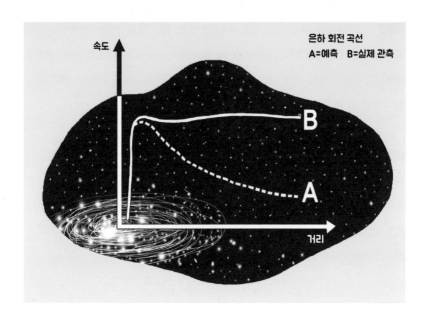

은하 회전 곡선
A=예측 B=실제 관측

이종필   둘은 전혀 다른 거니까요. 암흑 에너지와 비교하면 암흑 물질은 그 존재가 거론된 기간이 꽤 됩니다. 20세기 초반부터 그 존재의 필요성이 관측으로 대두가 되었어요. 좀 자세히 설명해 볼게요. 지구가 태양 주위를 돌고 있는 것처럼, 은하에 속한 별들도 은하 중심을 곡선을 그리면서 돕니다.

태양계와 비슷하게 만약 은하 중심에 은하의 질량이 집중돼 있다면, 케플러의 법칙 혹은 뉴턴의 만유인력의 법칙에 따라 은하의 중심에서 멀리 있는 별일수록 그 회전 속도가 거리의 제곱근에 반비례해서 감소합니다. 그런데 관측 결과는 그렇지가 않았어요. 거리와 무관하게 별들의 회전 속도가 굉장히 일정한 값을 갖는 것으로 확인되었습니다.

이것을 은하 회전 곡선(Galaxy rotation curve)이라고 합니다. 이 은하 회전 곡선을 설명하는 가장 유력한 방법 중 하나가 바로 암흑 물질의 도입이에요. 은하의 보이지 않는 곳에 정체불명의 질량을 가진 물질이 숨어 있어서, 은하 속 별들의 회전 운동이 케플러의 법칙을 만족하지 않는다는 겁니다.

이명현 이런 중력이 존재하려면 우리가 아는 모든 물질, 예를 들어 수소, 헬륨, 철 같은 원자들을 합한 것보다 10배 이상 무거운 물질이 필요합니다. 그때부터 과학자들이 미친 듯이 그런 물질이 도대체 무엇인지를 찾았지만 실패해요. 왜냐하면 이 무거운 물질은 빛을 내지 않았으니까요.

이종필 우리가 볼 수 있는 건 빛뿐인데, 이 물질은 빛을 내지 않으니 관측이 불가능해요. 그래서 결국 '암흑 물질'이라고 이름을 붙였지요. 현재 과학자들은 우주를 구성하는 물질 가운데 우리가 아는 원자로 이루어진 보통 물질은 4.6퍼센트 정도에 불과한 것으로 파악하고 있어요. 그리고 23.3퍼센트 정도가 원자가 아닌 암흑 물질로 파악되고 있습니다.

강양구 지금 많은 과학자들이 이 암흑 물질의 정체를 파악하려고 용을 쓸 텐데, 정체 규명에 진척이 있나요?

이명현 별 중에서 다 타 버리고 나서 빛을 내지 않은 것들이 있어요. 백색 왜성, 갈색 왜성 더 나아가 블랙홀 같은 것들이요. 이 별을 총칭해서 '마초(MACHO, MAssive Compact Halo Objects, 무겁고 작은 헤일로 물질)'라고 부릅니다. 그런데 이런 마초는 암흑 물질이 제 역할을 하는 데 필요한 질량의 10퍼센트 정도밖에 만족을 못 시켜요.

빛을 내지 않으니 관측이 불가능해요. 그래서 '암흑 물질'이라고 이름을 붙였지요.

이종필 그래서 하나씩 그 정체가 드러나는 입자 중에서 후보가 있으리라고 생각했어요. 그런 가설을 밀어붙인 대표적인 과학자가 바로 이휘소 박사입니다. 이 박사의 가장 큰 공헌 중 하나가 바로 입자 물리학과 우주론을 연결시킨 거지요. 이런 노력 속에서 중성미자(neutrino, 뉴트리노)가 유력한 후보로 떠올랐습니다.

강양구 중성미자는 빛보다 빠른 물질이라는 논란의 주인공이었죠? 물론 사실이 아닌 것으로 확인이 되었지만요.

이종필 네, 바로 그 중성미자요. 중성미자는 물질과 상호 작용을 하지 않기 때문에 관찰이 어려운 데다가, 우주에 엄청난 숫자가 분포되어 있거든요. 그런데 중성미자의 성질이 하나둘 드러나면서, 결국 그 입자는 암흑 물질의 후보에서 탈락되었습니다. 아무리 숫자가 많아도 개별 입자의 질량이 너무 작아서 도저히 암흑 물질로 볼 수 없었거든요.

입자 물리학자들은 암흑 물질이 보통의 물질과 거의 상호 작용을 하지 않을 것으로 예상합니다. 앞에서 얘기했듯이 마치 중성미자가 지구나 생물과 같은 물질을 아무런 상호 작용 없이 휙 지나가는 것처럼 말이죠. 거기다 이 암흑 물질은 중성미자와는 달리 아주 무거워야 합니다.

이런 성질의 입자를 일단 '윔프(WIMP, Weakly Interacting Massive Particles, 약하게 상호 작용하는 무거운 입자)'라고 부릅니다. 조만간 이 암흑 물질의 정체가 밝혀지고, 우리가 몰랐던 전혀 새로운 종류의 물질로 확인이 된다면, 우리가 아는 입자의 지식에도 큰 변화가 오리라 생각됩니다.

우주의 비밀, 여전히 깜깜하다!

이명현 지금까지 암흑 에너지와 암흑 물질이 무엇인지 수박 겉핥기로 살펴봤어요. 2014년 현재, 많은 과학자는 암흑 에너지나 암흑 물질의 존재 가능성을 염두에 두고 이렇게 말해요.

우주의 나이는 약 137억 년이다. 가속 팽창을 하고 있다. 가속 팽창의 원인은 암흑 에너지 때문이다. 암흑 에너지는 우주 전체의 72퍼센트 정도를 차지한다. 우리가 아는 원자로 이루어진 보통의 물질은 4.6퍼센트 정도다. 그리고 우주의 약 23.3퍼센트는 원자가 아닌, 그 정체를 아직 모르는 무거운 암흑 물질이다.

상당히 그럴듯하죠? 그래서 이런 식으로 우주를 이해하는 주류의 방식을 아예 '조화 우주론' 혹은 '정밀 우주론'이라고 부릅니다.

황재찬 이쯤에서 불편한 진실을 상기할 필요가 있습니다. 사실 따져 보면 '조화' 우주론, '정밀' 우주론 하는 식의 표현은 어불성설이에요. 암흑 에너지의 정체가 뭔가요? 아무도 몰라요. 암흑 물질의 정체는요? 역시 아무도 몰라요. 심지어 우주 전체를 통틀어서 우리가 관찰이 가능한 빛을 내는 물질도 0.5퍼센트에 불과합니다.

강양구 우리가 아는 원자로 이루어진 보통의 물질 4.6퍼센트 중에서 관찰 가능한 게 0.5퍼센트 정도라는 거죠?

황재찬 맞습니다. 그러니까 우주를 구성하는 것 중에서 0.5퍼센트를 제외한 99.5퍼센트를 우리는 제대로 파악하지 못하고 있어요. 그런데 지금 상당수 과학자는 마치 우리가 우주에 대해서 대단히 많이 알고 있는 것처럼 생각합니다. '정밀' 우주론 같은 얘기를 하는 건 그 방증이고요. 그런데 과연 99.5퍼센트를 모르는 상태를 놓고서 '정밀' 우주론 운운할 수 있을까요?

사실은 여기서 우리가 따져 봐야 할 게 있어요. 왜냐하면 지금까지 살펴본 암흑 에너지나 암흑 물질의 존재를 과학자들이 믿는 데에는 몇 가지 가정이 전제되어 있어요. 만약 이런 몇 가지 가정 중에서 단 하나라도 틀린 것이 확인된다면, 암흑 에너지나 암흑 물질은 그 존재 자체가 부정될 수도 있어요.

강양구   예를 들어 어떤 가정인가요?

황재찬   생각해 봅시다. 1998년에 우주의 가속 팽창이 관측으로 확인되고 나서, 곧바로 암흑 에너지가 제기된 데는 당기는 중력을 상쇄하고 우주를 가속 팽창시킬 힘이 필요했기 때문이잖아요. 우리는 태양계 수준에서는 태양 궤도를 지구가 도는 것처럼 중력이 작용하고 있다는 걸 알아요. 하지만 이 중력이 은하 규모의 우주에서도 똑같이 작용한다고 어떻게 확신할 수 있지요?

더구나 우리가 관측하는 우주는 모두 지금 현재의 상태가 아니라 과거의 상태입니다. 예를 들어 우리가 몇 십억 광년 떨어진 은하의 모습을 오늘 관측한다면, 그 모습은 몇 십억 년 전의 우주의 풍경이거든요. 그런데 과연 과거의 우주에도 중력이 오늘날과 똑같이 작용한다고 어떻게 확신할 수 있지요?

그러니까 우주 가속 팽창이 곧바로 중력을 상쇄하고 우주를 가속 팽창시키는 어떤 힘, 즉 암흑 에너지의 존재를 알려 준다고 주장하는 데는 두 가지 가정이 전제된 거죠. 아이작 뉴턴과 아인슈타인의 중력이 첫째, 과거·현재·미래에 상관없이, 둘째, 우주 전체에 작용한다는 거예요. 특히 아인슈타인이 우주 상수를 추가해서 바꿔 놓은 중력 이론에 대한 깊은 신뢰가 깔려 있죠. 암흑 물질의 존재를 주장하는 것 역시 마찬가지입니다.

이명현   은하 규모의 우주에도 중력이 똑같이 작용하리라는 전제가 깔려 있지요. 은하가 유지되려면 강한 중력의 원인인 무거운 암흑 물질이 있어야 한다는 생각이니까요.

황재찬   과학자들은 이런 엄청난 가정을 해 놓고도 개의치 않아요. 왜냐하면 이미 대다수 과학자에게 시공간을 초월하는 보편적인 중력의 존재는 일종의 신념이니까요. 하지만 우리는 한 번도 은하 규모의 우주에서 중력 이론이 맞는지 검증한 적이 없어요. 그러니까 암흑 에너지나 암흑 물질은 일종의 믿음의 산물입니다. '중력은 시공간을 초월해 존재한다.' 이런 믿음이요.

우주를 구성하는 것 중에서 0.5퍼센트를 제외한 99.5퍼센트를 우리는 제대로 파악하지 못하고 있어요.

강양구 　듣고 보니 상당히 충격적이네요.

황재찬 　기왕 얘기가 나왔으니 계속해 볼게요. 이건 조금 더 심각합니다. 아까 아인슈타인이 1917년 논문에서 정적인 우주를 제안했다고 했지요? 그 논문에서 아인슈타인은 수학적인 단순화를 위해서 우주를 균일하고 등방(等方)한 어떤 곳으로 간주해요. 그러니까 우주 전체로 보면 별들의 분포가 한쪽으로 몰려 있지 않고 골고루 퍼져 있다는 겁니다. 당시에는 은하가 있는지도 몰랐습니다.

그런데 놀랍게도 아인슈타인이 100년 전에 책상머리에 앉아서 했던 이런 가정을 우주를 연구하는 다수의 과학자가 지금도 공유하고 있습니다. 물론 아주 큰 규모에서 그럴 것으로 봅니다. 1998년의 관측 결과 역시 마찬가지에요.

이명현 　먼저 그 관측 내용을 살펴보죠. 2011년 노벨 물리학상을 받은 3명의 천문학자는 독립적인 연구를 하는 두 팀에 소속되어 있었습니다. 미국 캘리포니아 대학교 버클리 캠퍼스의 솔 펄뮤터가 이끄는 '초신성 우주론 프로젝트(Supernovae Cosmology Project)' 팀과 오스트레일리아 국립 대학교의 브라이언 슈미트와 미국 존스 홉킨스 대학교의 애덤 리스가 이끄는 '고(高) 적색 이동 초신성 탐색(High-Z Supernova Search)' 팀이요.

이들은 수십억 광년 떨어져 있는 은하를 탐색해서 초신성을 발견한 다음에, 관측을 통해서 그 초신성이 속한 은하까지의 거리를 측정했어요. 그랬더니 '은하까지의 거리가 우주 팽창 속도가 일정하다고 가정하고 비교했을 때보다 훨씬 더(약 15퍼센트) 멀다.'는 결론에 도달했어요. 우주가 가속 팽창한다고 가정했을 때와는 일치했고요.

수십억 광년 떨어진 초신성을 보는 것은 곧 수십억 년 전의 우주의 모습을 관측하는 겁니다. 그런데 이렇게 초신성을 관측해 보니, 수십억 년 전의 우주 팽창 속도가 지금보다 느리다고 가정을 해야 설명이 되는 현상이 발견된 겁니다. 똑같은 의미를 갖는 관측 결과가 지금도 계속 축적되고 있고요.

황재찬 그런데 바로 이 관측도 아인슈타인이 주장한 '균일한 우주'라는 전제를 깔고 있어요. 무엇이 문제인지 암흑 물질과 암흑 에너지를 비교해 볼게요. 암흑 물질의 경우에는 원심력을 상쇄할 만한 중력의 필요성 때문에 빛을 내지 않는 '미지의 무거운 물질'의 존재를 가정합니다. 그게 바로 암흑 물질입니다. 즉 중력 이론은 그대로 두고 물질의 분포를 조절한 것이지요.

그렇다면, 암흑 에너지도 똑같은 가정이 가능하지 않을까요? 수십억 년 전 폭발한 초신성은 당연히 수십억 광년 떨어져 있습니다. 우리로부터 이 정도 떨어진 지역에 마침 무엇인지 모르지만 무거운 물질이 잔뜩 모여 있다면 어떻게 될까요? 당연히 그 부분은 밀도가 높을 테고, 당연히 중력도 셀 테니 우주 팽창 속도가 느리지 않겠어요? 그런데 1998년 관측 결과를 해석하는 방식은 어땠나요?

암흑 물질의 경우와는 정반대로 무거운 물질의 분포를 조절하는 대신 중력 이론을 바꾸어서 '미지의 새로운 에너지'를 도입했어요! 그것에 암흑 에너지라고 이름을 붙였고요. 과거나 현재나 가까운 곳이나 먼 곳이나 우주의 물질 분포는 균일하다는 아인슈타인의 가정을 그대로 받아들인 겁니다. 우주 규모에서 특정한 곳에 무거운 물질이 모여 있을 가능성, 즉 불균일한 우주를 인정할 수 없었던 거예요. 그러니 중력 이론을 바꾸는 편의적인 선택을 한 셈인데, 앞서 얘기했듯이 우주 상수도 아인슈타인이 자신의 중력 이론을 바꾸면서 나온 거잖아요?

강양구 뒤통수를 한 대 맞은 느낌인데요. 그런데 실제 관측 결과는 어떤가요? 우주가 균일한가요?

이명현 그게 그렇게 간단치 않아요. 현재 슬론 디지털 스카이 서베이(Sloan Digital Sky Survey, SDSS) 프로젝트가 진행 중이에요. 은하의 3차원 분포를 확인하는 프로젝트입니다. 이 프로젝트 결과만 놓고 보면 우주의 모습이 전혀 균일하지 않아요. 그런데 그렇다고 해서 '우주가 균일하지 않다.'라고 결론을 내릴 수도 없는 상황이에요.

왜냐하면 지금까지 거의 60만 개 정도의 은하를 살피긴 했는데, 우주의 균일성을 가타부타 결론 내리기에는 턱없이 모자란 데이터거든요.

황재찬 더 먼 거리의 데이터가 필요합니다. 지금 계획하는 유클리드(Euclid) 프로젝트는 2019년 발사될 인공 위성으로 약 10억 개의 은하 사진과 그중 1억 개 은하의 공간 분포를 확인할 예정입니다. 사실 그런 데이터가 확보가 되더라도 우주의 균일성을 놓고서 명쾌한 결론을 내릴 수 있을지 모르겠어요. 하지만 한 가지 확실한 건, 현재까지 확보된 데이터만 놓고 보면 우주가 균일하다고 결론을 내리기에 부족하다는 거예요!

강양구 그런데 과학의 역사를 살펴보면, 보편 이론을 가정하고 나서 그 이론의 도움으로 새로운 사실이 확인된 경우가 많잖아요?

황재찬 제가 그런 가능성을 부정하는 건 절대로 아닙니다. 1781년 윌리엄 허셜이 천왕성을 발견하고 나서 뉴턴의 만유인력의 법칙을 염두에 두고 천왕성 바깥쪽 궤도에 또 다른 행성이 있을 가능성이 제기되었습니다. 말 그대로 '암흑 행성'을 가정한 셈이지요. 그리고 실제로 해왕성이 확인이 되었어요. 암흑 물질, 암흑 에너지도 이렇게 확인이 될 가능성이 있습니다. 이건 과학이 거둔 또 하나의 엄청난 성공 사례가 될 겁니다.

하지만 그렇다고 다른 가능성을 무시해서는 안 됩니다. 사실 암흑 물질, 암흑 에너지는 그 단어 자체가 일단 현실을 재단하고 들어가는 거예요. 단어만 놓고 보면, 뭔가 실체가 있는 물질 혹은 에너지가 있는 것처럼 보이잖아요. 그래서 물리학자들이 암흑 물질을 발견하겠다고 우주로 나가는 게 아니라 지하로 들어갑니다. (웃음)

현재는 더 정확한 우주의 팽창률을 놓고서 우주의 나이를 137억 년으로 보고 있어요.

이명현　사실 천문학자들은 암흑 물질이 단일한 어떤 것이라는 데도 의문을 제기해요. 관측을 하다 보면, 아까 백색 왜성, 갈색 왜성, 블랙홀 얘기도 했지만 빛을 내지 않으면서도 질량이 커서 중력이 큰 게 있어요. 그런 여러 가지가 암흑 물질의 효과를 내고 있을 수도 있지요.

이종필　지금까지 물리학자들이 암흑 물질을 중성미자와 같은 특정 물질이라고 간주해 온 건 사실이에요. 그런데 지금은 좀 분위기가 바뀌었습니다. 사실 우리가 알고 있는 원자는 고작 4.6퍼센트 정도에 불과한데도 그것을 구성하는 입자는 최근에 그 존재가 확인된 힉스 입자를 포함해서 17개나 되잖아요.

그런데 그것보다 무려 대여섯 배나 양이 많은 암흑 물질이 한두 종류의 입자로만 구성되어 있다고 생각하는 게 오히려 상식적인 반응이 아니죠. 아무튼 방금 황재찬 선생님 말씀을 흥미롭게 들었습니다. 저도 우주론 전공자가 아니라서, 이른바 '정밀 우주론' 혹은 '조화 우주론'의 견해만 듣다가 황재찬 선생님의 말씀을 들으니 굉장히 신선합니다.

제 의견을 약간 덧붙이면 이렇습니다. 아인슈타인의 상대성 이론이 등장하기 전에 뉴턴의 만유인력의 법칙으로 도저히 설명을 못하는 천체 현상이 몇 가지 있었어요. 예를 들어서 수성의 근일점 이동처럼 행성의 공전 궤도에서 만유인력의 법칙만으로는 설명이 안 되는 현상이 있었어요. 그런데 당시 어느 누구도 만유인력의 법칙이 틀렸을 가능성을 떠올리지 못했죠.

오히려 수성과 태양 사이에 우리가 모르는 뭔가가 있으리라고 생각했습니다. 마치 지금 은하 회전 곡선을 설명하고자 암흑 물질의 존재를 가정한 것처럼 말이죠. 그런데 나중에 아인슈타인이 1915년 중력에 대한 자신의 이론(일반 상대성 이론)을 논문으로 발표하기 전에, 그 이론을 수성의 궤도를 둘러싼 미스터리에 적용해 봤어요. 당연히 정확히 설명이 되었죠.

결국 수성의 궤도를 둘러싼 미스터리는 아인슈타인 일반 상대성 이론의 결정적 증거가 되었습니다. 그러니까 황재찬 선생님의 말씀의 취지는, 지금 우리가 우주를 이해하는 방식이 상당히 억지스러운 것일 수도 있다는 거예요. 우주의 구성 요소 중에서 99.5퍼센트의 정체를 잘 모르는 상태에서 대다수 과학자는 기존의 과학 이론에 안주해 있는 거거든요.

어쩌면 그런 과정에서 우리는 과학 이론을 혁신할 기회를 놓치고 있는 건지도 모릅니다. 사실 주류가 아니어서 그렇지, 대안적인 설명을 시도하는 과학자들도 있는 것으로 알고 있습니다. 그들의 대안적인 설명이 지금은 찬밥 신세지만, 어쩌면 아인슈타인의 상대성 이론이 그랬듯이 우주를 이해하는 새로운 패러다임으로 등장할지도 모릅니다.

강양구　토머스 쿤이 『과학 혁명의 구조』(김명자·홍성욱 옮김, 까치, 2013년)에서 설득력 있게 보여 주잖아요. 정상 과학(正常科學, normal science)이 득세할 때, 대다수 과학자는 그런 정상 과학에 반하는 여러 가지 관찰 결과가 나와도 (정상) 과학 이론 자체를 의문시하기보다는 그런 관찰 결과에 부합하도록 그 이론을 보완하는 데 몰두하잖아요.

황재찬　실제로 현장에서 과학 연구가 그런 식으로 이뤄질 가능성이 큽니다.

어쩌면 우주론을 둘러싼 상황이 그런 과학 혁명을 앞둔 정상 과학의 상황일지도 모릅니다. 사실 정상 과학이라고 하기도 민망한 상황이죠. 왜냐하면 가장 잘 만들어 놓았다는 우주 모형의 구성 요소 중에서 99.5퍼센트의 정체를 파악하지 못하는데 어떻게 그게 정상 과학이에요? 관점을 바꿔 보면, 현재 우주론의 엄청난 균열이 보이는 겁니다.

'천상의 물질'을 찾는 현대 과학

강양구　그런데 황재찬 선생님의 이런 견해는 해당 분야의 동료 과학자 사이에서 상당히 이단적인 취급을 받을 것 같습니다. 급진적(radical) 견해잖아요?

황재찬　오늘은 과학 '수다'를 떠는 자리라면서요? (웃음) 그런데 방금 제 얘기를 놓고서 급진적 견해라고 지적했는데, 사실은 급진적인 게 아니라 굉장히 보수적(conservative) 관점에서 얘기를 한 거예요. 과학의 토대는 경험 연구입니다. 아까 우주가 과연 균일한지 더 많은 데이터를 가지고 따져 봐야 한다는 것도 이 때문이었고요.

　그런데 어느 순간부터 우주의 비밀을 파헤치려는 과학자들이 자연을 주시하기보다는 이론으로 여러 현상을 재단하려고 합니다. 그리고 그런 경향이 '정밀 우주론'이나 '조화 우주론' 같은 이름으로 주류가 되었어요. 그런 분위기 속에서 정말 실제로 무슨 일이 있는지 놓치고 있는 게 아닌가, 이런 걱정이 드는 거예요.

이휘소 박사의 가장 큰 공헌 중 하나가 바로 입자 물리학과 우주론을 연결시킨 거지요.

이종필　사실 저는 암흑 물질은 조만간 정

체가 규명되리라고 믿는 편입니다. 그런데 암흑 에너지는 정말로 잘 모르겠어요. 그 정체를 규명하는 게 21세기 과학의 최우선 과제 중 하나가 될 텐데요. 아까 아인슈타인이 폐기했던 우주 상수가 이 암흑 에너지로 되살아났다고 했잖아요. 그런데 이론대로라면 이 우주 상수는 공간 그 자체가 가지고 있는 에너지거든요. 아인슈타인이 처음 도입할 때는 중력 같은 힘 때문에 정적인 우주 공간이 붕괴되는 걸 막는 에너지였지요. 그런데 지금은 그와 비슷한 암흑 에너지가 가속 팽창의 주역이라고 간주되고 있습니다.

이명현   그 암흑 에너지의 원인이 되는 가상의 물질을 '퀸타 에센티아(*quinta essentia*)'라고도 부르잖아요. (웃음)

황재찬   '천상의 물질' 즉 '제5원소'요! 암흑 에너지로 천상의 물질은 지상의 물질과 다르다고 주장하는 거니까 다시 아리스토텔레스로 돌아간 거예요. 아 이러니하죠? (웃음) 제가 오늘의 과학 수다를 혼란스럽게 했으니, 마무리를 해 볼게요. 암흑 에너지, 암흑 물질 둘 다 과학자 사이에 그 존재를 놓고서 상당한 합의가 있습니다. 그리고 지금 그것을 찾으려는 시도도 활발하죠.

이종필   2000년 이후에는 암흑 물질의 정체를 찾으려고 세계 곳곳의 과학자들이 필사적으로 노력 중이에요. 찾기만 하면 그냥 노벨상입니다. 왜냐하면, 아까도 잠시 얘기했듯이 우리가 알고 있는 기본 입자 17개 중에서는 암흑 물질의 후보가 없거든요. 그러니까 암흑 물질의 정체를 해명하면 그건 우리의 입자에 대한 지식을 흔들 거예요. 그런데 암흑 에너지는 좀……

황재찬   우주를 관찰하다 보면, 우리가 알 수 없는 어떤 거대한 현상을 맞닥뜨리게 됩니다. 예를 들어 우주 가속 팽창도 그런 현상 중 하나예요. 그런데 암흑 에너지는 그런 현상을 설명하는 너무 쉬운 접근은 아닌가, 이런 생각을 해 보는 겁니다. 그리고 사실은 그런 현상을 하나의 거대한 수수께끼로 받아들이는 게 오히려 과학의 발전을 위해서 더 낫지 않을까요?

그리고 '정밀 우주론' 혹은 '조화 우주론'이 얘기하듯이 우주의 신비가 다 밝혀진 것이라면 일반 독자 입장에서도 얼마나 시시한 일입니까? 그런데 사실은 정밀 우주론이라는 모형에서조차 우주 구성 요소의 99.5퍼센트가 여전히 미지의 영역이에요. 우리는 암흑 물질과 암흑 에너지라는 거대한 수수께끼가 앞에 있다는 것 정도만 알고 있고요. 이 얼마나 신비로운 일인가요?

저는 종종 사람들이 역사를 돌아볼 필요가 있다고 생각합니다. 20세기 과학의 중요한 발견 중 하나가 1965년의 우주 배경 복사입니다. 그 관측으로 우주 탄생의 비밀(빅뱅)로 가는 문이 열렸으니까요. 그런데 바로 그 전인 1961년에 영국 케임브리지 대학교의 아주 유명한 우주론 연구자 데니스 시아마가 한 책에서 이런 얘기를 합니다. 그는 정상 상태 우주론을 옹호했지요.

> 20세기의 우주가 진정한 우주라고 믿을 만한 특별한 이유가 있다. 앞으로의 발견이 조금 더 세세한 부분을 더하게 되겠지만 전반적인 그림을 바꾸지는 못할 것이다!

이런 에피소드는 과학의 역사에서 끊임없이 반복되거든요. 저는 '정밀 우주론' 혹은 '조화 우주론'의 운명도 이런 에피소드의 반복이 되지 않을까 생각합니다. 물론 주류 이론대로 정말로 암흑 물질이나 암흑 에너지가 확인이 될 수도 있어요. 마치 '지구가 둥글다.'는 사실이 확인이 되고 곧 대탐험의 시대가 끝났듯이 말이죠. 그런데 새로운 발견을 갈구하는 탐구자들에게는 이야말로 비극이 아닐까요? (웃음)

이종필 이야기를 마무리하는 시점이니까, 오늘 수다 내내 떠오른 영화의 한 장면을 소개할게요. 혹시 스콧 데릭슨 감독의 「지구가 멈추는 날」을 보셨어요?

강양구　키아누 리브스가 주연한 영화죠. 사실 이 영화는 원래 1951년 로버트 와이즈 감독의 고전 영화를 리메이크한 작품입니다. 이 영화 역시 1940년에 발표된 해리 베이츠의 단편 과학 소설 「잘 가오, 주인이여(Farewell to the Master)」를 원안으로 한 것이지요. 영화에서는 거의 신과 같은 존재인 외계인 '클라투'가 나오죠.

이종필　네, 키아누 리브스가 분한 외계인 클라투가 쫓기다가 여주인공의 도움을 받아서 잠깐 은신을 해요. 그 은신처의 한쪽 칠판에 한 과학자가 써 놓은 방정식이 잔뜩 있지요. 클라투가 칠판 한쪽을 지우더니 아인슈타인의 중력장 방정식을 씁니다. 그리고는 뭔가 계속 끼적거려요.

　물론 영화의 설정일 뿐이죠. 그런데 클라투가 도대체 어떤 의미로 칠판에 무엇을 썼는지 지금도 궁금합니다. 정말로! 외계인이 우주의 비밀을 알고 뭔가 써 준 게 아닐까요? 지금 우리가 우주를 이해하는 기본적인 틀은 아인슈타인의 일반 상대성 이론이에요. 암흑 물질, 암흑 에너지 다 그 틀에서 나온 거고요.

　그런데 정말로 영화처럼 일반 상대성 이론이 아닌 우주를 이해하는 새로운 틀이 있다면 모든 게 달라지겠죠. 우리가 우주를 아니, 세상을 이해하는 방식이 근본적으로 바뀔 테니까요. 물론 지금까지는 아인슈타인의 일반 상대성 이론을 대체할 만한 대안의 패러다임이 등장하지 않았지만요······.

강양구　설사 누군가 그런 대안 패러다임을 내놓아도 상당히 오랜 기간 핍박을 받지 않을까요? (웃음)

이명현　세상 일이 다 원래 그렇죠. (웃음)

이종필　아무튼 영화의 그 장면이 계속 머릿속에 남아요. (웃음) 오늘 유쾌한 수다였습니다.

최종 이론의 꿈

친하게 지내는 과학자 몇 분으로부터 이런 타박을 받곤 합니다. "강 기자는 고민의 시간 규모(time scale)가 너무나 작아요!" 이런 지적을 받을 때마다, 수긍할 수밖에 없습니다. 운이 좋게도 일분일초에 희비가 갈리는 속보에 매달리는 업무에서는 비교적 자유로웠지만, 기자로서 관심을 갖는 시간 규모는 아무리 길어 봤자 100년을 넘기가 힘듭니다.

반면에 과학자가 관심을 갖는 시간 규모는 엄청나죠. 이들이 관심을 갖는 우주의 역사 약 137억 년, 지구의 역사 약 45억 년, 생명의 역사 약 35억 년 등을 염두에 두면 인간이 지구에 등장한 역사는 찰나에 불과하죠. 그러니 그 찰나의 순간 중에서도 하루, 한 달, 수년, 수십 년, 100년에 관심을 쏟는 존재란 얼마나 보잘것없습니까?

이렇게 보잘것없는 존재로 태어난 탓일까요? 저는 평생 살면서 단 한 번도 이른바 궁극의 질문에 관심을 가져 본 적이 없습니다. 예를 들어, 짐 홀트의 멋진 책 『세계는 왜 존재하는가?(Why Does The World Exist?)』의 제목이기도 한, "세계는 왜 존재하는가?" 혹은 "우주는 왜 존재하는가?" 심지어 누구나 사춘기에 한 번씩 고민한다는 "나는/너는 왜 존재하는가?" 같은 질문도 던져 본 적이 없습니다.

심지어 이런 질문을 맞닥뜨릴 때마다 이런 생각이 꼬리에 꼬리를 물곤 합니다. 우선 '세계는 왜 존재하는가?' 혹은 '우주는 왜 존재하는가?' 같은 질문은 당연히 그에 대한 '정답'이 있을 것이라는 걸 전제하고 있습니다. 그런데 과연 그런 질문의 정답을 찾는 게 가능할까요? 자세히 설명하면 이렇습니다.

알베르트 아인슈타인이나 로버트 오펜하이머 같은 천재 과학자들은 만년에 세상의 비밀을 꿰뚫는 최종 이론을 담고 있는 명료한 방정식에 집착했습니다. 하지만 그런 방정식이 있을지도 의문이지만, 설사 그런 방정식을 찾는다 하더라도 그것은 세계 또 우주가 '어떻게(how)' 움직이는지에 대한 답일 뿐, 세계가 '왜(why)' 존재하는지에 대한 답은 아닙니다.

반면에 어떤 형태든 신의 존재를 믿는 전 세계 인구의 약 90퍼센트는 이 질문에 명확한 답을 가지고 있습니다. "세계가 왜 존재하느냐고요? 신이 세계를 만들었기 때문이죠." 심지어 이들은 현대 과학이 해명한 '어떻게(how)'도 아무런 모순 없이 자기 논리 안에 통합할 수 있죠. 짓궂은 심리학자 조너선 하이트는 이렇게 너스레를 떱니다.

사실 (과학과 종교 사이의) 이 갈등은 불필요하다. 신이나 지적인 존재가 우주와 자연법칙을 창조했고 빅뱅이 일어난 후에는 느긋하게 물러앉아 우주가 그 법칙에 따라 굴러가게 내버려 두었다고 믿어도 아무 문제될 것 없다. (『행복의 가설』(조너선 하이트, 권오열 옮김, 물푸레, 2010년))

이런 의문도 꼬리를 뭅니다. 앞에서 살짝 언급했듯이, '세계는/우주는 어떻게 존재하는가?'와 같은 질문을 한 번에 해결할 수 있는 정답이 과연 존재할까요? 물론 모든 것을 설명하는 최종 이론, '만물 이론(Theory of Everything)'을 꿈꾸는 어떤 과학자는 아인슈타인이나 오펜하이머처럼 세상이 어떻게 존재하는지 보여 주는 명료한 방정식을 꿈꿉니다.

반면에 또 다른 과학자들은 단 하나의 방정식으로 세상의 모든 것을 기술하는 게 가능할지 회의합니다. 이들은 이렇게 반문하죠. "온갖 우연과 필연이 상호 작용하는 생명 현상이나 지구 기후를 과연 단 하나의 방정식으로 환원해서 기술할 수 있을까요?" 모든 것을 설명하지 못하는 모든 것의 이론, 얼마나 난센스입니까?

여기서 과학 철학자 낸시 카트라이트의 통찰은 음미해 볼 만합니다. 카트라이트는 1999년에 펴낸 『알록달록한 세계(The Dappled World)』에서 '세계가 어떻게 존재하는지' 설명하는 과학의 실제 모습은 세상의 여러 현상을 탐구한 과학자들의 활동 결과를 "쪽모이(patchwork)"해 놓은 것에 불과하다고 지적합니다.

카트라이트에 따르면, 모든 것을 설명하겠다는 만물 이론이 정점에 있고 그 지배를 받는 다른 과학 활동이 그 아래에 차례로 쌓인 피라미드 같은 "우아하고(elegant) 추상적인(abstract)" 과학은 애초에 세상에 존재하지 않습니다. 하지만 그렇다고 바뀌는 건 없습니다. 왜냐하면, 그런 "쪽모이" 과학이 기술하는 "알록달록한 세계" 역시 충분히 아름다우니까요.

마침 황재찬 교수도 수학자이자 철학자였던 앨프리드 화이트헤드(1861~1947년)가 1919년에 했던 다음과 같은 경고를 상기시켜 주었습니다. 여러분이 생각하는 과학의 모습은 어떤가요?

과학의 목적은 복잡한 사실로부터 가장 단순한 설명을 찾는 것이다. 우리는 탐구하는 목적이 단순함이기에 사실 자체가 단순하다고 생각하는 오류에 빠질 수 있다.

2

근지구 전체

슈퍼 영웅보다
힘센
과학 이야기

저것이
뭐시여!!

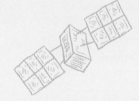

문홍규
한국 천문 연구원
책임 연구원

김상욱
경희 대학교
물리학과 교수

이명현
과학 저술가 /
천문학자

강양구
《코메디닷컴》
콘텐츠 본부장

혹시 「딥 임팩트」, 「아마겟돈」 같은 할리우드 영화를 기억하세요?

맞습니다. 외환 위기로 한국 경제가 풍비박산이 난 직후인 1998년 잇따라 개봉한 영화입니다. 두 영화는 지구로 다가오는 혜성(「딥 임팩트」)과 소행성(「아마겟돈」)을 막는 사람들의 이야기입니다. 「딥 임팩트」의 경우에는 불과 지름 800미터(0.8킬로미터)짜리 혜성이 지구에 떨어졌을 때 어떤 재앙이 일어나는지를 실감나게 보여 줬죠.

15년이 지난 2013년 2월 15일 오전 9시 15분(현지 시간), 러시아 첼랴빈스크에서 영화를 연상시키는 일이 일어났어요. 지름 17미터 정도의 소행성이 지구로 떨어져 고도 15~25킬로미터에서 폭발한 것입니다. 이 폭발로 첼랴빈스크를 포함한 러시아 지역 다섯 곳과 카자흐스탄 지역 두 곳이 피해를 입었어요. 1,459명이 다쳤고, 가옥 7,200채가 망가졌습니다.

이 폭발은 히로시마 핵폭탄의 약 20~30배에 해당하는 위력입니다. 히로시마 핵폭탄처럼 고도 850미터 인근에서 폭발이 일어났다면 그 피해는 상상을 초월했겠죠. 만약 첼랴빈스크가 아니라 서울의 광화문이나 강남 같은 인구 밀집 지역에 떨어졌으면 어떻게 되었을까요? 혹은 첼랴빈스크 인근에 있는 핵 발전소에 떨어졌다면요?

이번 사건은 새삼 소행성과 혜성과 같은 '근(近)지구 천체(Near-Earth Object)'가 얼마나 지구에 위험한 존재인지를 일깨워 줬습니다. 실제로 지름 300미터 정도의 소행성만 떨어져도 한반도 정도 크기의 나라는 초토화됩니다. 지름 3킬로미터 정도의 소행성이 떨어지면 인류 문명 자체가 심각한 타격을 입고요.

지름 7~10킬로미터의 소행성은 대재앙이죠. 지구상 생명체 50퍼센트 이상이 멸종 목록에 이름을 올릴 겁니다. 공룡 시대에 실제로 그런 일이 있었다고 하기도 하고요. 그렇다면, 이렇게 지구로 다가오는 소행성이나 혜성을 막을 방법이 있을까요? 영화처럼 핵폭탄으로 재앙을 막을 수 있을까요? 혹시 다른 방법은 없을까요? 살짝 귀띔하자면, 재앙을 막는 데는 핵폭탄보다 흰 페인트가 더 유용하다고 합니다.

이뿐만이 아닙니다. 최근 몇 년 새 돈 냄새 맡는 데는 도가 튼 몇몇이 수상한 회사를 잇따라 설립했습니다. 이 회사는 소행성의 희귀 광물을 채취해서 팔아먹을 목적으로 설립한 회사입니다. '언옵테이니움(Unobtainium)'을 얻고자 나비족을 괴롭히는 인간을 묘사한 영화 「아바타」가 생각나죠? 그런데 바로 이 회사 중 한 곳에 「아바타」 감독이었던 제임스 카메론이 참여하고 있습니다.

또 전자 통신 에너지 산업에 꼭 필요한 희토류 확보에 혈안이 된 일본도 이미 2003년에 소행성 탐사선을 보냈습니다. 소행성과 같은 근지구 천체를 놓고서 도대체 무슨 일이 벌어지고 있는 것일까요? 이거 "2020년에 달에 태극기가 휘날리게 하겠다."라고 공언한 박근혜 대통령이 뭔가 방향을 잘 못 잡고 있는 건 아닐까요?

한국의 첫 소행성 전문가인 한국 천문 연구원의 문홍규 박사가 이 모든 궁금증을 해결하고자 나섰습니다. 천문학자 이명현 박사, 물리학자인 김상욱 부산 대학교 교수가 때로는 가이드로, 때로는 독자를 대신한 질문자로 나섰습니다. 이제 소행성을 비롯한 근지구 천체의 매력에 흠뻑 빠져들 시간입니다.

'딥 임팩트'의 공포

이명현　오늘의 주제는 '니어어스 오브젝트(Near-Earth Object)'입니다. 이렇게 영어로 얘기를 시작한 이유는, 니어어스 오브젝트의 번역어가 계속 변해 왔기 때문이에요. '지구 접근 천체', '지구 근접 천체' 또 '지구 위협 천체'도 있습니다. 최근에는 '근(近)지구 천체' 혹은 '지구 근천체'라고 부르더군요. 일단 용어 정리부터 합시다. (웃음)

문홍규　좋은 지적이에요. 사실 국내 학계에는 아직, 니어어스 오브젝트에 대해 합의된 용어가 없습니다. 우리나라는 이 분야를 연구하는 과학자가 극소수라서요.

강양구　몇 명이나 있나요?

문홍규　지금까지 소행성으로 박사 학위를 받은 사람은 아직 한국에 저 혼자입니다.

강양구 한 명이요?

문홍규 네. 그리고 혜성체를 주제로 학위를 받은 동료 최영준 박사가 있습니다. 역시 한 명이네요. (웃음) 그리고 서울 대학교의 이시구로 마사테루 교수가 소행성과 혜성 전문입니다. 그래서 소행성, 혜성을 포함한 태양계 소천체로 학위를 받은 과학자가 국내에 극소수라고 말씀드린 겁니다. 물론, 혜성과 자기장의 관계를 연구한 분, 슈메이커-레비 혜성과 목성의 충돌에 대한 관측 논문을 발표하거나, 우리나라 고천문 기록에 나타난 혜성들을 연구한 국내 학자도 있습니다. (이 대담이 있은 후 2014년 연세 대학교에서 김명진 박사가 소행성 전공으로 박사 학위를 취득했다.)

30미터 급 소행성이 폭발하면 다이너마이트 200만 톤과 같은 위력을 발휘하죠.

이명현 이제 사정이 어떤지 짐작이 되죠? 사실 앞에서 말했던 니어어스 오브젝트의 번역어 변천사는 여기 문홍규 박사가 불러 온 궤적과 일치합니다. (웃음) 그런데 이렇게 용어가 계속 바뀐 이유가 있을 것 같아요.

문홍규 처음 연구를 시작할 때만 해도 '접근한다.'는 '동사적' 의미를 강조하는 게 좋겠다 싶어 '지구 접근 천체'라고 번역했어요. 하지만 'Near'는 형용사잖아요. 게다가 실제로 뭔가 '접근'한다면 언젠가 충돌할 거라고 해석할 수도 있겠다 싶었죠. 그래서 원래 뜻에 맞게 '형용사적'인 의미로 부르는 게 맞다는 판단에, '근지구 천체'로 바꾸게 된 겁니다. 근지구 천체에는 '근지구 소행성(Near-Earth Asteroid)', '근지구 혜성(Near-Earth Comet)'이 있습니다.

김상욱 그런데 소행성이든 혜성이든 원래는 지구로 접근하는 게 아니라 태양으로 접근하는 거죠? 명칭만 지구 중심으로 붙였을 뿐이지.

문홍규 정의를 해 볼게요. 근지구 천체는 소행성과 혜성 중에서 태양과 가장 가까운 거리(태양 주변을 도는 천체가 태양과 가장 가까워지는 지점인 근일점에 있을 때의 거리)가 지구와 태양 사이의 평균 거리(1AU, 약 1억 5000만 킬로미터)의 1.3배 안에 들어오는 걸 말해요. 특히 근지구 소행성은 근일점이 0.983AU와 1.3AU 사이에 있습니다. 그래서 NEO는 사실 주기적으로 지구에 접근합니다.

이명현 그러니까 근지구 천체는 태양 주위를 돌고 있는 소행성이나 혜성 중에서 그 궤도가 지구 궤도와 엇비슷한 것들이군요.

강양구 그래서 지금까지 확인된 근지구 천체가 몇 개나 되나요?

문홍규 미국 항공 우주국(NASA) 제트 추진 연구소 웹사이트에 들어가면 거의 매일 갱신이 됩니다. 그래서 숫자는 늘 변해요. 2014년 12월 30일 현재, 근지구 혜성은 95개, 근지구 소행성은 1만 1947개나 됩니다. 그러니까 오늘까지 목록에 올라간 근지구 천체 전체 숫자는 1만 2042개입니다. 그런데 이중에서 지름이 1킬로미터 이상인 천체는 866개. 그중에 지구에 영향을 줄 가능성이 높은 킬로미터 급 지구 위협 천체는 154개고요.

이명현 그러니까 근지구 천체가 1만 개 정도인데 그중에서 150개 정도가 위험한 셈이네요.

문홍규 그렇습니다. 더 들어가기 전에 다음 그래프부터 보세요. 여기서 가로축은 시간, 세로축은 발견된 개수입니다. 짙은 회색은 지금까지 발견한 모든 근

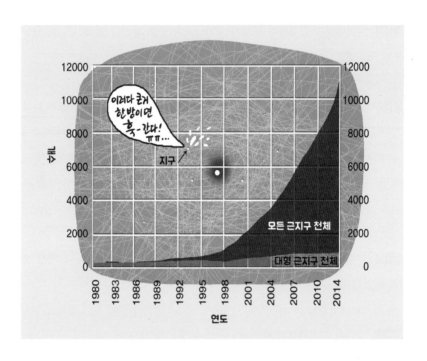

지구 천체, 그보다 옅은 회색은 그중에서도 지름 1킬로미터보다 큰 것을 나타냅니다.

김상욱 갑자기 올라가네요.

문홍규 네, 1998년부터 급상승하기 시작하죠? 이 시점에 무슨 일인가 일어난 겁니다.

김상욱 1998년에 할리우드 재난 영화가 두 편이나 개봉했잖아요. 미미 레더 감독의 「딥 임팩트」와 마이클 베이 감독의 「아마겟돈」이요.

강양구 「딥 임팩트」는 혜성이 지구로 돌진하는 내용이었고, 「아마겟돈」은 소

행성이 지구를 위협하는 내용이었죠. 물론 둘 다 겨우 막아 내긴 했습니다만. (웃음)

문홍규 아시다시피 두 영화는 NASA의 입김이 강하게 작용한 작품이었어요. (웃음) NASA는 「딥 임팩트」를 만들 때 영화 스크립트 분석과 과학 자문은 물론, 시설, 장비, 세트에 관한 기술 자문까지 했어요. NASA는 1960년대부터 연예 사업 공보실(Entertainment Industry Liaison Office)을 운영하며 이런 일을 체계적으로 추진하고 있다고 합니다. 미국 의회가 '우주 방위(SpaceGuard)' 프로젝트의 예산을 승인한 것도 두 편의 영화와 무관하지 않은 걸로 알고 있습니다. 이 프로젝트는 1998년부터 2008년까지 만 10년간 지름이 1킬로미터보다 큰 근지구 천체의 90퍼센트 이상을 찾아 목록을 만드는 걸 목표로 했죠.

제가 시뮬레이션을 해 봤는데, 2008년에 이 목표는 달성하지 못한 것으로 나타났어요. 최근 NASA는 WISE(Wide-field Infrared Survey Explorer)라는 우주 망원경을 띄웠습니다. 지름 40센티미터인 이 WISE는 당초 적외선을 많이 방출하는 별, 은하를 연구하는 게 목표였어요. 그런데 운 좋게도 1만 개 이상의 소행성과 160개 넘는 근지구 소행성들을 발견하는 동시에, 가장 중요한 정보 중 하나인 소행성들의 크기를 측정해 냈습니다.

근지구 소행성은 수 미터에서 수십 미터밖에 안 되는 작은 게 대부분이에요. 가시광선으로는 반사율이 낮아서 잘 보이지 않습니다. 소행성은 적외선 대역에서 더 많은 복사를 방출하거든요. 그래서 WISE로 보니 훨씬 밝고 더 많이 보이는 거예요. WISE 덕분에 우리가 1킬로미터보다 큰 근지구 천체를 약 95퍼센트 발견했다는 사실을 알게 됐습니다.

강양구 여기서 왜 지름 1킬로미터 이상의 소행성에 그렇게 신경을 써야 하는지 한 번 따져 보죠.

문홍규 충돌이 일어났을 때 지구에 미치는 영향이 크기 때문입니다. 먼저 'PHO(Potentially Hazardous Object)'의 정의부터 해 보죠. 저희는 '지구 위협 천체'라고 번역하는데요. 근지구 천체 중에 근일점 거리가 약 750만 킬로미터 이내이면서 지름이 150미터보다 큰 것을 말합니다.

아까 봤던 NASA 제트 추진 연구소 웹사이트로 돌아갈까요? 근지구 천체 1만 2043개 중에서 'PHA'는 1,501개입니다. PHA(Potentially Hazardous Asteroid)는 물론 PHO 가운데 소행성들을 뜻합니다. '지구 위협 소행성'이지요. 앞서 얘기했듯이 이중에 지름이 1킬로미터보다 큰 것이 155개고요.

사실은 150미터보다 작은 천체들도 위험합니다. 30미터 급 소행성이 폭발하면 대략 다이너마이트 130만 톤과 같은 위력을 발휘합니다. 폭발 고도에 따라 천차만별이지만 1킬로미터 아래에서 폭발한다면 반지름 5킬로미터 안의 모든 물체는 흔적을 찾기 힘들 겁니다.

이 정도 규모의 폭발이 실제로 일어난 일이 있습니다. 1908년 6월 30일 중앙 시베리아의 퉁구스카에서 지름 30~50미터로 추정되는 소행성(또는 혜성)이 8킬로미터 상공에서 폭발해 2,000제곱미터에 이르는 숲이 초토화되었습니다. 이런 사건이 서울 한복판에서 일어난다고 가정해 보세요.

크기가 더 커지면 피해는 상상을 초월합니다. 지름이 한 300미터 정도면 한반도만 한 나라가 초토화될 수 있습니다. 지름이 1.5킬로미터 정도 되면 유럽 면적에 해당하는 지역이 심각하게 파괴될 수 있고요. 이런 소행성이 지각의 얇은 부분을 뚫고 맨틀까지 들어가면 더 치명적일 겁니다. 화산재가 분출하고 그 화산재가 대기 대순환을 따라 지구 표면 전체를 덮어 장기적으로 기후에 심각한 영향을 줄 수 있어요.

지름 3킬로미터 급 천체는 전 지구적인 영향을 미칠 수 있고, 지름 10킬로미터 급이라면 전 생물 종의 50퍼센트 이상이 멸종 목록에 오를 거예요. 백악기 말에 실제로 그런 일이 일어났습니다. 물론 충돌체가 바다에 떨어져 쓰나미가 일어난다면 피해가 극대화될 수 있습니다. 뉴욕, 샌프란시스코, 인천, 도쿄, 시드니 같은 대도시들이 해안에서 멀지 않은 곳에 있기 때문입니다.

김상욱 　실제로 「딥 임팩트」를 보면 지구로 혜성이 날아옵니다. 핵폭탄을 장치해서 폭파를 시키긴 하는데, 완전히 폭파가 되지 않고 둘로 쪼개져요. 하나는 큰 것(지름 4.8킬로미터)이고, 다른 하나는 작은 것(지름 0.8킬로미터)이죠. 큰 것은 비켜 가는데 작은 것은 지구로 떨어져요.

영화에서는 지름 0.8킬로미터의 작은 것이 떨어지는 순간 해일이 일어나서 뉴욕이 모조리 물에 잠기고 수백만 명이 죽는 것으로 나와요. 다들 지름 4.8킬로미터의 큰 것이 떨어질 줄 알고 죽음을 준비하는데 극적으로 막죠. 방금 설명을 듣고서 영화 내용을 떠올리니, 상당히 과학적인 근거가 있는 거였군요.

문홍규 　맞아요. NASA 과학자들이 밀착 자문을 해 준 것으로 알고 있어요. 사실 「딥 임팩트」나 「아마겟돈」 같은 할리우드 영화가 1998년에 개봉한 것은 1994년 슈메이커-레비 혜성의 목성 충돌 사건과 무관하지 않아요. 한국 천문연구원에서도 소백산 천문대와 보현산 천문대에서 이 충돌 사건을 관측했고, 저도 인터넷을 통해 전 세계에 실시간으로 생중계되는 상황을 지켜보면서 흥분했던 기억이 납니다. 규모는 다르지만 비슷한 일이 지구에서도 일어날 수 있겠구나 하는 생각에 쭈뼛했죠.

혜성이 여러 조각으로 쪼개진 채, 큰 파편은 1994년 7월 14일부터 일주일 동안, 작은 것까지 치면 거의 한 달 동안 목성의 대기에 충돌했지요. 이때 발생한 화염 중에는 지구보다 큰 것들도 있었거든요. 목성이 아니라 우리가 사는 이 행성에 그런 사건이 일어났다면 얼마나 끔찍한 일이 벌어졌을지 생생히 볼 수 있었던 거예요.

이명현 　남의 행성에서 이 사건이 일어났을 때는 멋있었죠. 하지만 흥분을 가라앉히면 등골이 오싹해지죠. (웃음)

흰색 페인트로 지구를 구한다?

강양구   질문이 꼬리에 꼬리를 무는데요. 현재까지 지름 1킬로미터 이상의 소행성의 94퍼센트 정도를 파악했잖아요. 그런데 그런 것들 중에서 지구로 다가오는 게 있다면, 그 충돌 여부는 얼마 전에야 예측할 수 있나요? 슈메이커-레비 혜성도 목성과 충돌하기 1년 4개월 정도 전에야 확인했었죠?

문홍규   분명한 것은 천체를 발견하는 것으로 끝나면 안 된다는 겁니다. 그 다음엔 추적 관측과 궤도를 결정하는 일이 뒤따라야 합니다. 궤도를 알아야 충돌 가능성을 계산할 수 있는데 그게 만만한 일이 아니거든요. 탄탄한 전산 인프라와 잘 훈련된, 경험 많은 전문가 집단이 필요합니다.

그뿐 아니라, 천체마다 크기와 질량, 그리고 성분이 다르고, 그 궤도에 따라 수 세기 전에 충돌을 예측할 수도 있고, 아니면 직전까지 모를 수도 있습니다. 바로 이게 문제입니다. 예컨대, 충돌 수십 년 전, 미리 발견할 수 있는 기간에 하필, 계속 날씨가 나빴다면 중요한 기회를 놓치게 되는 겁니다.

강양구   그럼, 운에 달렸군요. 운이 좋아서 충돌 예상 시점 몇 년 전에 발견할 수도 있지만, 운이 나쁘면 한 3개월 전에 확인할 수도 있고요. (웃음)

문홍규   네, 그런데 지금까지 확인된 천체들에 대해서는 계속해서 추적 관측을 하고 있고요. 현재로서는 100년 내에 심각한 충돌을 일으킬 것으로 예상되는 천체는 없습니다. 관측 자료가 쌓이면서 새로운 계산 결과가 발표되고, 충돌 확률이 낮아지는 수순을 밟는 게 보통입니다. 사실 천문학자의 역할은 정밀 궤도를 얻고서, 충돌 확률을 계산하고, 계속해서 그것을 보완하는 데서 끝납니다. 일단 충돌이 확실시되면 그 뒤부터는 저희들 몫은 아니죠. 그 뒤부터는 정부와 엔지니어들의 영역입니다. 물론, 궤도 변경 임무를 설계하는 일이나, 충돌 지역과 그 피해 규모를 예측해 정부에 자문하는 역할은 계속되겠지만요.

강양구 지구 위협 천체를 발견하고 추적하는 데 들어가는 예산을 결정하는 것도 정치인과 관료니까, 사실 모든 단계가 과학뿐만 아니라 정치와 행정의 영역이라고 할 수도 있죠. (웃음)

문홍규 실제로 그렇습니다. 경제 협력 개발 기구(OECD) 전 지구 과학 포럼에 이어 2005년부터 지구 위협 천체 충돌 이슈를 국제 연합(UN)이 주도하고 있어요. 국제 연합 평화적 우주 이용 위원회(COPUOS) 산하 액션 팀 14에 근지구 천체 문제를 다루는 2개의 그룹이 조직되어 활동에 착수했습니다. 국제 소행성 경보 네트워크(IAWN)와 우주 임무 기획 자문 그룹(SMAG), 이렇게요. 우리나라는 현재 IAWN에 참여하고 있습니다.

김상욱 그런데 과연 소행성이나 혜성이 지구를 덮칠 때 우리가 무슨 일을 할 수 있을까요?

강양구 방금 충돌 궤도 변경 얘기를 언급했는데, 사실 지구로 다가오는 소행성이나 혜성의 궤도를 바꾸는 게 말처럼 쉽지도 않을 뿐만 아니라, 저는 그런 궤도 변경이 더 큰 재앙을 낳을지도 모른다고 생각합니다. 그렇게 궤도가 변경된 소행성이나 혜성이 어떤 연쇄 효과를 낳을지를 정확히 예측하는 건 불가능하니까요.

문홍규 좋은 지적입니다. 아폴로 9호와 스카이랩의 우주 비행사였던 러스티 슈웨이커트가 만든 B612 재단의 예전 궤도 계산 결과를 보면, 소행성 아포피스가 2029년 4월 13일 금요일 지구 가까이 지나가는 것으로 나타났습니다. 하필이면 13일의 금요일이죠. (웃음) B612 재단은 이 소행성의 진로를 바꾸는 가능성을 조사했어요.

문제는, 예를 들어 아포피스가 뉴욕이나 워싱턴에 떨어질 가능성이 예상되어서 진로를 바꿨는데, 그 결과 런던이나 파리에 추락하면 어떡하나요? 충돌 재난을 해결하기 위한 대응 방법을 논의하는 과정에서 벌써부터 이런 풀기 어려운 문제가 제기되었습니다. 정답이 없는 문제죠.

김상욱 칼 세이건도 『창백한 푸른 점』(현정준 옮김, 사이언스북스, 2001년)에서 이미 그런 문제를 지적했어요. 세이건은 인간이 개입해서 소행성의 궤도를 바꾸는 것에 반대합니다. 왜냐하면, 인간이 그런 능력을 확보한다면 그 능력은 인류를 구원하기보다는 오히려 인류를 파괴하는 무기로 이용될 거라는 겁니다.

문홍규 맞아요. 바로 '카이네틱 웨폰(kinetic weapon)'인데요. 어떤 나라가 소행성의 궤도를 제어하는 기술을 가졌다고 칩시다. 그렇다면 군사적인 의도를 가지고 다른 나라에 소행성을 충돌시키는 행동을 하지 말라는 법이 없잖아요. 이를테면 300미터 급 소행성 하나면 한반도를 지도에서 지워 버릴 수 있을 테니까요.

김상욱 영화 「스타십 트루퍼스」(1997년)를 보면, 벌레 외계인이 지구에 선전 포고를 할 때도 똑같은 방법을 사용하죠. 벌레 외계인이 부에노스아이레스에 소행성을 떨어뜨리잖아요. 그 일을 계기로 인간과 벌레 사이에 우주 전쟁이 일어나죠. 그러니까 그런 일이 가능하다면 무시무시한 일이 일어날 수 있어요. 그래도 막기는 막아야 될 것 아녜요? (웃음)

문홍규 현재로서는 앞에서 언급한 위험이 있지만 궤도 변경이 가장 유력한 대응 방법입니다. 물론 재난 지역의 면적이 작다면 주민들을 소개시키는 방법도 있겠지만요.

궤도 변경에는 여러 가지 방법이 있어요. 지구와 충돌 위협이 있는 크기가 작은 소행성의 경우에는 로켓을 설치해 추진 반작용으로 방향을 바꾸는 거예요. 소행성을 약간만 밀어도 장기적으로는 궤도가 바뀌기 때문이죠. 인류는 위기를 모면하고요.

> 근지구 천체가
> 1만 개 정도인데
> 그중에서 150개 정도가
> 위험한 셈입니다.

김상욱 2012년에 국제 연합이 지원해서 '소행성 움직이기 대회(Move an asteroid competition)'를 했어요. 학생들과 과학자들로부터 소행성의 진행 방향을 바꿀 수 있는 아이디어를 모집해서 우수한 제안에 상을 주는 행사죠. 그런데 2012년 우승자가 MIT의 한국계 대학생 백성욱 씨입니다. (웃음)

이 백성욱 씨의 아이디어가 아주 재밌어요. 소행성에다 흰색 페인트 통을 던지면 충분하다는 거예요. 물론 흰색 페인트가 소행성 전체에 골고루 묻어야 합니다. 그러면 소행성에 묻은 흰색 페인트가 햇빛을 반사하게 됩니다. 그런데 마찰이 없는 우주 공간에서는 빛의 힘도 무시할 수 없어요.

빛은 '파동'이면서 '입자'의 성질을 띠잖아요. 빛의 입자인 광자는 공기의 흐름인 바람처럼 압력을 가집니다. 그런데 우주 공간은 마찰이 없기 때문에 그 힘이 누적되면 무시할 수 없는 효과를 낼 수 있어요. 이런 점을 염두에 두면, 소행성에 묻은 흰색 페인트가 빛을 반사할 때, 그 태양광 압력의 반작용으로 궤도에 변화가 생길 수 있죠.

이런 태양광의 압력을 이용한 아이디어는 이전에도 있었어요. 2008년에 첫 번째 대회가 있었는데, 그때 우승했던 아이디어가 바로 이런 햇빛 입자의 흐름, 즉 태양풍을 이용한 거예요. 태양풍을 받을 돛을 소행성에 달면 굳이 로켓 같은 것이 없더라도 궤도 변경이 가능하다는 거예요. 그런데 굳이 그런 돛도 필요

없이 흰색 페인트면 충분하다는 거죠. (웃음)

이명현 할리우드 영화를 비롯한 기존의 상상력이 얼마나 빈곤한지를 보여 준 거죠. (웃음) 사실 소행성이나 혜성의 궤도 변경을 말하면 곧바로 핵폭탄을 떠올리잖아요. 그런데 크기가 큰 소행성의 경우에는 궤도를 바꾸려면 핵폭탄 한두 개로는 어림도 없어요. 그렇게 폭탄을 터뜨려서 소행성이나 혜성이 파괴되면 그 파편이 지구에 더 심각한 위협이 될 수도 있어요. 반면에 이런 흰색 페인트 아이디어는 비용, 효과 모든 점에서 탁월하죠.

김상욱 사실 지구로 다가오는 소행성이나 혜성에 핵폭탄을 사용하는 게 정치적으로도 쉽지가 않아요. 포괄적 핵 실험 금지 조약에 우주 공간이 포함되어 있답니다. (웃음) 그러니까 미국이든 중국이든 소행성이나 혜성에 핵폭탄을 사용하려면 국제 사회의 허락을 받아야 한다는 거예요.

문홍규 네, 여기서 현재까지 나온 방법을 정리하면 크게 세 가지가 있습니다. 폭파시키는 것, 미는 것, 끄는 것, 이렇게요. 방금 말씀하신 포괄적 핵 실험 금지 조약 때문에 '폭파'를 결심했을 경우, 현재로서는 정치적 이유들 때문에 재래식 무기밖에는 사용할 수 없습니다. 핵폭탄을 실제로 사용한다고 하더라도 폭파 후 럭비공처럼 어디로 튈지 모르는 통제 불가능한 조각들만 더 많아질 거고요. 얼마나 많은 핵폭탄이 필요할지, 그 효과가 어떨지도 미지수고요.

미는 것은 어떨까요? 아까 얘기했듯이 가장 먼저 로켓이 떠오릅니다. 하지만 어디에 어떻게 설치할지가 고민이에요. 소행성도 자전을 하거든요. 기술적인 문젭니다만 설치 위치와 방향, 추력(推力) 제어에 문제가 생긴다면, 소행성을 엉뚱한 방향으로 밀어 원치 않는 결과를 초래할 수도 있을 겁니다. 이런 불확실성 때문에 방금 말씀하신, 소행성 근방에서 페인트를 담은 고무공을 터뜨리자는 아이디어가 높은 평가를 받은 겁니다.

고출력 레이저를 쏘는 방법도 거론되고 있는데요. 소행성의 궤도를 바꿀 정도로 높은 출력의 레이저를 개발하는 데에는 시간이 필요합니다.

강양구 그 정도 고출력 레이저라면, 당장 살상 무기로 쓰일 수도 있겠군요.

문홍규 그렇죠. 마지막 방법은 끄는 것입니다. 소행성의 크기가 작을 경우에는 중력적으로 그 천체를 끌어당길 수 있을 만큼 비슷한 질량을 가진 우주선을 보내 견인하는 거죠.

이명현 우주선을 보내서 소행성을 끄는 방법은 수명이 다한 인공 위성과 같은 우주 쓰레기를 치우는 아이디어로 나왔던 거예요. 사실 지구 주위에 널려 있는 인공 위성도 근지구 천체에 속합니다. 그리고 앞으로 인공 위성 숫자가 계속 많아지면 그것도 아주 고약한 골칫거리가 될 거예요.

김상욱 우리가 심각하게 걱정하는 건 지름 1킬로미터 이상이니까 우주선을 보내서 끌기가 쉽지 않겠죠. 하지만 그보다 더 작은 건 끌 수도 있겠죠. 이렇게 작은 걸 끌어다가 큰 소행성에 충돌을 시켜서 궤도를 바꾸는 방법도 얘기가 되는 모양이던데요. 마치 당구공이 서로 부딪쳐서 진로가 바뀌는 것처럼.

문홍규 네. 아직 조직도에만 나와 있는, 국제 연합 산하의 또 하나의 자문 그룹(충돌 궤도 변경 자문 그룹)에서 논의될 수 있을 겁니다. 실제로 NASA와 유럽 우주국(European Space Agency, ESA) 같은 곳에서는 이러한 연구가 진행되고 있습니다.

강양구 사실 진짜로 소행성이나 혜성의 위협이 목전에 닥쳤을 때, 저런 대응 방법 중 하나라도 일사불란하게 추진될 수 있을지 의문이에요.

이명현　지구 위협 천체의 위험을 얘기하면 꼭 제1차 세계 대전이 생각나요. 그 전쟁 전에 인류는 현대 과학 기술에 기반을 둔 전 지구적인 전쟁을 한 번도 치른 적이 없었어요. 그래서 지금의 시각에서 보면 아이러니하게도 낭만적이었죠. 철모도 전투에서 쓰기엔 비실용적이었고, 군복도 위장과는 어울리지 않는 형형색색 누비옷이었고. 그러다 보니 피해도 엄청났죠.

김상욱　어쩌면 지금 얘기되는 대응 방법이 낭만적인 것일지도 모른다는 거죠?

이명현　예. 인류가 한 번도 겪어 보지 못했잖아요. 당연히 실제 상황이 되면 우왕좌왕할 수밖에 없겠죠. 아무리 준비를 철저히 한다고 하더라도 말이죠.

김상욱　그런데 이번에는 경험을 축적해서 다음에 더 잘할 수도 없잖아요.

문홍규　네. 2013년 2월, 러시아 첼랴빈스크에서 영화 같은 일이 일어났죠. 일종의 경고라고나 할까요? 17~20미터 급 아폴로족 소행성이 그 배후로 밝혀졌습니다. 대기권에 진입하면서 15~25킬로미터 정도의 공중에서 폭파되어 부서졌는데, 가장 큰 폭발은 13킬로미터 상공에서 일어난 것으로 밝혀졌어요.

「스타워즈」 같은 영화를 보면 우주선이 소행성대를 지날 때 곳곳에서 출몰하는 소행성을 요리조리 피하는 장면이 나오죠.

김상욱　그럼 소행성 하나가 들어와서 여러 개로 쪼개져서 여기저기 떨어진 건가요?

문홍규 맞아요. 피해 지역이 마치 첼랴빈스크 한 곳으로 알려져 있지만 사실 러시아 다섯 곳, 카자흐스탄 두 곳이 피해를 입었어요. 첼랴빈스크의 피해만 놓고 보면, 가옥 7,200채가 폭삭 내려앉거나 유리창이 깨지는 등의 피해를 입었고 그 과정에서 약 1,500명이 다쳤어요. 그중 어린이가 300명이고요. 다행히 운석을 직접 얻어맞은 사람은 없었어요.

만약에 운석 중 하나가 첼랴빈스크의 핵 발전소를 직접 타격했다면 그 피해는 상상을 초월했겠죠. 인구 밀집 지역을 피해 간 것도 정말 다행이었죠. 만약에 서울의 광화문이나 강남 한복판에서 이런 일이 있었다고 생각해 보세요. 비교적 높은 고도에서 폭발한 것도 다행이었어요. 피해가 극대화되는 850미터 상공에서 폭발했다면 문제가 더 심각했을 겁니다.

강양구 그런데 이런 17~20미터 소행성이 떨어지는 것도 드문 일이죠?

문홍규 첼랴빈스크 사건 직후 발표된 계산 결과를 보면, 이만 한 소행성이 떨어지는 일은 30년에 한 번꼴이라고 합니다. 그리고 30미터 급은 190년에 한 번, 100미터 급은 5,200년에 한 번, 300미터급은 7만 3000년에 한 번꼴로 충돌할 가능성이 있다고 밝혀졌지요. 물론 당장 몇 달 뒤에 끔찍한 재앙이 닥칠 수도 있죠. 아무튼 생전에 이런 모습을 볼 줄은 몰랐어요. (웃음)

소행성대의 기원은 제5행성이 아니다!

강양구 이런 근지구 천체의 기원은 뭔가요? 첼랴빈스크에 떨어진 소행성은 화성과 목성 사이의 소행성대에서 왔죠? 소행성이 태양을 중심으로 길게 띠를 형성하고 있죠.

이 소행성대는 과학 소설의 단골 소재죠. 에드먼드 해밀턴의 「캡틴 퓨처」 시리즈 작품 중 하나인 『시간의 잃어버린 세계(*The Lost World of Time*)』(1941년)나 과학 소설의 고전으로 추앙받는 제임스 호건의 『별의 계승자(*Inherit the Stars*)』 (1977년)가 대표적이죠. (호건의 소설은 『별의 계승자』(이동진 옮김, 오멜라스, 2009년) 로 번역·출간되어 있습니다.)

이런 소설은 대개 화성과 목성 사이에 애초 행성(제5행성이라고 할 수 있을까요?)이 하나 더 있었고, 이 행성이 어떤 이유로 사라졌고(화성인과 금성인의 전쟁 같은 것은 흔히 쓰이는 설정입니다.), 그 행성의 흔적이 바로 소행성대라고 가정합니다. 심지어 이 행성을 인류 문명의 기원과 연결 짓기도 하고요. (웃음)

문홍규 흥미로운 설정이긴 합니다. 하지만 아쉽게도 그 가설은 틀린 것으로 판명 났어요. (웃음) 근지구 천체의 기원을 설명하기 전에 우선 태양계가 어떻게 만들어졌는지 살펴보기로 하죠. 태양과 같은 별은 먼지와 가스가 응축해서 만들어집니다.

이런 원시 성운이 수축하면 중심 밀도가 높아져 뜨거워지기 시작합니다. 핵융합이 시작될 만큼 중심 온도가 올라가 '엔진'이 점화되면 비로소 별이 태어납니다. 이렇게 가스가 모여 별이 만들어지는 과정에서 태어나는 가스 성운은 원반 형태를 띠는데요. 그건, 위치 에너지가 회전 운동 에너지와 열에너지로 바뀌기 때문입니다. 그 결과 아기 태양 주변에 있는 가스도 따라서 돌게 되죠.

바로 이렇게 태양 주변의 가스와 먼지가 회전하면서 점차 태양계의 형태를 갖추게 됩니다. 그리고 오랜 시간을 거쳐 먼지 덩어리들이 연쇄 충돌을 일으키고, 그렇게 몸집이 성장하면 지구나 화성 같은 행성이 되지요. 이렇게, 태양계 안쪽에는 주로 금속과 암석으로 이뤄진 지구형 행성이, 그 바깥에는 기체로 이뤄진 목성형 행성이 만들어졌습니다.

그런데 컴퓨터 시뮬레이션을 해 보니 처음에는 태양계의 크기가 지금보다 작았어요. 그러니까 태양과 해왕성의 거리가 지금보다 가까웠던 거죠. 당시 태양계는 목성과 토성의 중력 때문에 역학적으로 아직 불안정한 상태였어요. 그런 태양계가 역학적으로 안정을 찾으면서 바깥쪽으로 확장됩니다.

그래서 목성, 토성, 천왕성, 해왕성도 밖으로 밀려 나가게 되지요. 그 외곽에는 주로, 행성을 이루지 못한 작은 천체들이 넓은 지역에 걸쳐 분포하고 있었어요. 태양계가 확장되면서 당연히 그 변방에도 영향이 미칠 수밖에 없었습니다.

그 결과, 태양계 안쪽에 있는 소행성들과 혜성들이 외곽으로 튕겨져 나가거나, 외곽을 돌던 소행성들과 혜성들이 태양계 안쪽으로 대거 유입되기도 했습니다. 이렇게 안쪽까지 들어온 놈들이 지구와 달에 충돌한 거예요. 화성과 목성 사이에 분포하는 소행성대도 태양계가 역학적으로 안정되는 과정에서 형성됐을 겁니다. 이렇게 관측과 연구를 통해 검증된 이론으로 태양계를 들여다보면 소설가들이 화성과 목성 사이에 있었다고 얘기하는 제5행성은 끼어들 자리가 없어지고 맙니다.

이명현 2006년에 명왕성이 태양계의 행성에서 퇴출되었죠? 이런 기원의 차이도 퇴출의 중요한 이유 중 하나였어요. 족보를 따져 보면 명왕성은 행성이 아니라, 소행성이죠.

강양구 지금 설명은 모두 컴퓨터 시뮬레이션의 결과죠? (웃음)

문홍규 맞아요. 그런데 대다수 과학자는 이런 시뮬레이션 결과를 받아들입니다. 38억 년 전, 태양계 안쪽으로 대거 유입된 소행성들과 혜성들이, 행성들과 그 위성들에 무더기로 충돌한 사건이 있었습니다. 이걸 LHB(Late Heavy Bombardment)라고 부릅니다. 태양계 형성 말기에 일어난 대규모 충돌 사건이라는 뜻이죠. 특히 달에는 공기가 없기 때문에 그 흔적이 고스란히 남아 있어요. 충돌 연대를 살펴보니, 38억 년 전에 소행성과 혜성의 융단 폭격이 굉장히 많이 있었던 겁니다.

강양구 그럼 38억 년 전의 일이 다시 재연될 가능성은 없나요?

문흥규 38억 년 이후에는 태양계가 역학적으로 비교적 안정되었기 때문에 다시 그런 격변적인 사건이 일어날 가능성은 없습니다. 그리고 지금 융단 폭격이라고 표현을 하긴 했지만, 이게 몇 초, 몇 분 동안 이뤄지는 게 아니에요. (웃음) 그보다 긴, 지질학적인 기간에 걸쳐 일어난 사건입니다.

강양구 정말로 화성과 목성 사이에 제5행성이 있었던 건 아닌가요? (웃음)

문흥규 소행성대는 행성들을 만들지 못하고 남은 것과, 소행성들 간 충돌에 의해 쪼개진 잔해로 이루어진 것으로 보입니다. 제5행성과는 다르죠. (웃음) 소행성대에 속한 천체들의 질량을 다 합쳐도 달의 4퍼센트에 불과하니까 행성이라고 할 만한 게 못 되지요.

이명현 태양계의 초기 형성 과정에서는 충돌이 다반사였죠. 달도 지구가 다른 것과 충돌해서 나온 거니까요.

김상욱 그럼, 근지구 소행성의 상당수는 화성과 목성 사이의 소행성대에서 오는 것으로 보면 되나요? 그런데 소행성대가 만들어지고 나서, 그 후에 궤도가 상당히 안정이 되었는데도 이렇게 계속해서 소행성이 지구 쪽으로 들어오는 이유가 있나요?

문흥규 근지구 소행성의 대부분은 소행성대에서 옵니다. 그 이유는 소행성과 목성이 상호 작용을 하기 때문이에요. 이 상호 작용의 결과 소행성의 궤도가 불안정해지는데요, 이렇게 불안정해진 궤도가 안정을 찾아 가는 과정에서 태양계 안쪽 혹은 외곽으로 소행성들이 들어오거나 튕겨져 나갑니다. 그중 안쪽으로 들어온 게 지구나 화성, 심지어 태양 쪽으로 날아가거나 충돌하는 거예요.

김상욱 덧붙이자면, 사실 목성과 소행성의 공전 주기가 1:2나 1:3처럼 정수배가 되는 경우, '비선형 공명' 현상이 일어납니다. 비선형 공명이 일어나면 소행성의 운동이 혼돈 혹은 카오스를 보이며 불안정해지죠. 즉 궤도를 이탈하게 된다는 말입니다. 그래서 공명이 일어나는 부분마다 소행성이 존재하지 않는 틈이 만들어지는데, 이것을 '커크우드 간극(Kirkwood gap)'이라 부르죠.

일단, 공명에 해당하는 소행성이 모두 없어지면 더 이상 궤도를 이탈하는 소행성은 없을 것으로 보입니다만, 실상은 그렇지 않습니다. 야르코프스키 효과(Yarkovsky effect)와 같은 다른 이유 때문에 소행성들이 궤도를 조금씩 바꾸다가 결국, 커크우드 간극으로 들어갑니다. 그러면 비선형 공명으로 인한 혼돈 때문에 소행성이 궤도를 이탈해 다시 지구 쪽으로 날아올 수 있게 되는 거죠.

참, 야르코프스키 효과는 러시아의 이반 야르코프스키(1844~1902년)가 1900년경에 발견한 것입니다. 아까 소행성도 태양을 공전하면서 자전한다고 했었죠? 소행성이 자전할 때, 태양 에너지를 받는 쪽(낮)은 달궈지고, 받지 않는 쪽(밤)은 온도가 낮아지겠죠. 그런데 소행성은 흡수한 태양 에너지의 일부를 다시 적외선(빛)의 형태로 내놓습니다. 이것을 복사라고 합니다.

당연히 달궈진 쪽은 반대쪽 차가운 쪽보다 더 많은 복사 에너지를 내놓습니다. 아까 소행성 궤도를 바꾸는 방법을 얘기하면서, 우주 공간에서 빛 알갱이, 다시 말해 광자의 흐름이 바람과 같은 효과를 낸다고 지적했었죠? 달궈진 쪽이 반대쪽보다 더 많은 복사 에너지를 내놓으면, 그 힘의 불균형으로 한쪽으로 밀어내는 효과가 나타납니다. 이 경우에는 온도가 낮은 쪽으로 소행성을 밀겠죠.

이 야르코프스키 효과는 큰 천체에서는 무시해도 될 정도로 작습니다. 하지만 이런 힘이 오랜 시간에 걸쳐서 축적되면 수백 미터에서 수 킬로미터 급의 소행성 같은 작은 천체의 궤도 정도는 바꿀 수 있습니다. 실제로 이렇게 야르코프스키 효과 때문에 궤도가 바뀐 소행성의 존재도 확인이 되었어요.

아무튼 소행성대에 있는 소행성이 다 고갈되면 더 이상의 소행성 유입은 없을까요?

문홍규 중요한 걸 말씀해 주셨네요. 그렇습니다. 이렇게 소행성들은 지구 가까운 공간으로 끊임없이 유입되고 있습니다. 게다가 그 원천이 되는 소행성대 소행성의 개수도 많고요. 예전에는 지름이 1킬로미터 이상인 소행성이 거의 100만 개 있는 것으로 봤어요. 최근 연구에 따르면 60만에서 70만 개 정도로 줄었습니다.

김상욱 지금 계속 소행성대 얘기가 나오고 있잖아요. 사실 소행성대는 할리우드 영화에서 묘사가 많이 되고 있죠. 우주선이 소행성대를 지날 때 곳곳에서 출몰하는 소행성을 요리조리 피하는 장면이요. 「스타워즈」 같은 영화를 보면 소행성대가 굉장히 비행에 위협적인 곳으로 나오죠.

여기서 재미있는 얘기가 하나 떠오르네요. 1977년 6월과 8월에 보이저 1호, 2호가 각각 발사되었어요. 그래서 지금도 관측 자료를 보내오고 있습니다. 그런데 이 보이저 1호, 2호가 소행성대를 지나면서 소행성을 딱 2개 발견했다고 합니다. 소행성 '띠'라는 뜻의 '소행성대(帶)'라는 이름이 무색하게요. (웃음)

문홍규 맞습니다. 영화 속에 묘사된 소행성대와 실제의 소행성대는 달라요. (웃음) 보이저 호의 예에서도 확인할 수 있듯이, 실제로 그곳은 거의 비어 있는 거나 마찬가지예요. 소행성 사이의 평균 거리는 10의 7제곱 킬로미터 정도입니다. 0이 7개가 붙으니까 소행성 사이의 거리가 1000만 킬로미터네요. (웃음)

김상욱 10의 7제곱 킬로미터요? 보이저호가 2개를 봤다는 게 정말 기적이네요. (웃음)

이명현 다음 화제로 넘어가기 전에 혜성 얘기만 잠깐 하고 넘어가죠?

문홍규 근지구 천체 중에 근지구 혜성이 있잖아요? 그런데 지구 가까이에 출몰하는 혜성 중에서 분명히 해왕성 바깥쪽에서 왔을 법한 게 있어요. 예를 들어서 1997년에 지구 근처에 나타난 헤일밥 혜성이 그렇죠. 이 혜성은 주기가 애초 4,300년이 넘었어요. 그래서 우스갯소리로 '단군 혜성'이라고 부르는데요.

지구와 충돌 위협이 작은 소행성은 로켓을 설치해 추진 반작용으로 방향을 바꾸는 거예요.

김상욱　그러니까, 38억 년 전에 지구 근처 태양계 안쪽으로 대거 진입한 천체들, 바로 이것들이 우리가 아는 근지구 천체 대부분의 기원이겠죠. 그런데 그 외에 지금도 숫자는 많지 않지만 태양계 바깥쪽에서 지구 근처로 오는 천체가 있다는 말이군요. 그 대표적인 예가 헤일밥 혜성처럼 주기가 긴 혜성이고요.

문홍규　맞습니다. 과학자들은 일단 이 혜성이 '오르트 구름'이라는 곳에서 오는 것들이라고 생각하고 있어요. 오르트 구름은 지름이 5만 광년 혹은 그 이상 되는 거대한 구로 태양계 외곽을 둘러싸고 있죠. 거의 다 얼음덩어리로 이루어져 있지요. 이곳에서 간헐적으로 태양계 안쪽으로 헤일밥 혜성 같은 것이 떨어지는 거죠. 그밖에 목성 근방이 고향인 혜성들 가운데서도 근지구 혜성에 속하는 천체가 많습니다.

탐욕의 손길, 소행성을 노리다

강양구　오르트 구름에 얽힌 뒷얘기도 흥미로울 것 같은데, 갈 길이 머니 다음 기회로 미루죠. 최근 몇 년 새에 흥미로운 기업 두 곳이 창업을 했죠?

문홍규 2010년 11월에 '플래니터리 리소스(Planetary Resources)'가, 그리고 2013년 1월에는 'DSI(Deep Space Industries)'가 문을 열었습니다. 플래니터리 리소스만 살펴보면, NASA의 화성 탐사 프로젝트에 참여했던 이들이 중심이 되어 설립한 회사입니다. 그런데 투자자의 면면이 화려해요.

구글 창업자 래리 페이지와 구글 회장 에릭 슈미트, 영화 감독 제임스 카메론, 또 전 골드만삭스 회장 등이 투자자로 참여하고 있어요. 사실 「아바타」의 카메론 감독이 참여한 건 참 의미심장한데요. 「아바타」를 보면 나비족이 사는 행성에 인간이 들어가는 이유가 그 행성에 있는 광물 '언옵테이니움' 때문이잖아요. 얻기 어려운 원소라는 뜻이죠.

그런데 이 플래니터리 리소스의 설립 목적이 바로 지구에서는 얻기 어려운 희귀 광물을 소행성에서 캐려는 거예요. 얼토당토않은 망상 같죠? 그런데 이게 상당히 가능성이 있는 사업이라는 데 우리는 주목해야 합니다. 과거 지구에 떨어진 소행성, 혜성이 충돌해서 만든 운석공(운석 구덩이)을 조사해 보면 희토류(稀土類, rare earth elements)가 많습니다.

이명현 한국에도 그런 곳이 많습니다. 지질학적으로 도저히 설명이 안 되는 곳에 뜬금없이 텅스텐 광산이 있거나 혹은 우라늄 광산이 있는 경우가 있어요. 과거에 소행성이 그곳에 떨어졌을 가능성이 큽니다. 북한에 우라늄을 비롯한 광물이 많이 매장되어 있는 것도 어쩌면 같은 이유일 거예요.

문홍규 지금 세계 각국이 희토류 확보에 사활을 걸고 있잖아요. 왜냐하면 반도체, 디스플레이, 태양광, 풍력 산업 등 21세기의 핵심 산업에 꼭 필요하니까요. 2010년 댜오위다오(일본에서는 센가쿠 열도라고 부르지요.)를 둘러싸고 중국과 일본 사이에 분쟁이 났을 때를 생각해 보세요. 중국이 희토류 수출 금지 카드를 들고 나오니까 일본이 꼼짝 못하지 않았습니까?

그러니까 플래니터리 리소스나 DSI 같은 회사가 소행성에서 희토류와 같은 광물을 캐는 사업을 추진하는 데에는 그럴 만한 이유가 있는 겁니다. 플래니터리 리소스에서는 현재 적외선 우주 망원경으로 소행성을 관측해 표면에 어떤 물질이 있는지 확인하는 일을 1단계 사업으로 시작했어요.

적외선으로는 소행성 표면 물질에 대한 정보를 알 수 있으니, 소행성 매장 광물의 목록을 만드는 일부터 시작하는 겁니다. 이렇게 소행성의 표면 성분에 대한 조사가 어느 정도 끝나면 소행성 개발이 본격적으로 시작되겠죠. 소행성에서 광물, 물, 가스를 채취해 지구로 가져오는 겁니다.

강양구　그게 경제성이 있을까요?

이명현　NASA에서 이런 계획을 발표했으면 혀를 찼겠죠. 허황된 얘기라고. 그런데 정말 돈 냄새를 맡는 데는 도가 튼 사람들이 큰돈을 투자하고 또 실제로 경영에 참여하는 걸 보니 '정말로 저 방향으로 가겠다.' 싶은 거예요. 실제로 자세히 들여다보면 그냥 허황된 얘기가 아니에요.

문홍규　우주 계획을 평가할 때 과학적 측면, 기술적 측면, 경제적 측면을 비교 판단할 수 있을 겁니다. 비용 측면에서는 달이나 화성보다 근지구 소행성에 가는 게 훨씬 간단합니다. 가깝기 때문입니다. 지난 2월 16일 지구를 스쳐 지나간 소행성 2012DA14는 2만 7000킬로미터 상공을 지나갔습니다. 정지 위성이 보통 3만 6000킬로미터 궤도에 자리를 잡고 있으니까 그보다 9,000킬로미터 가까운 거리예요.

그럼, 실제로 광물을 어떻게 채취할까요? 장기적으로는 로봇이 사람을 대체할 것으로 생각됩니다. 초기에는 유인 임무를 통해 필요한 인프라를 설치하고 운영하겠지만, 그런 경험이 쌓이고 여러 가지 문제들이 해결된 이후에는 아마도 무인 시스템이 감당해야 할 몫이 늘어날 겁니다.

순서는 이런 식이 될 거예요. 우선 작고 가벼우며 느린 속도로 움직이는 근지구 소행성 후보 목록을 작성합니다. 우주선이 적은 추진력으로 소행성을 따라 잡아야 하니까요. 물론 자전 주기가 너무 빠른 것은 제외해야 합니다. 다루기 힘들기 때문입니다.

후보군 우선 순위가 높은 천체를 목표로 정합니다. 그리고 특별한 용기가 달린 우주선에 소행성을 실어서 달과 지구의 중력이 평형을 이루는 지점까지 운반합니다. 그다음엔, 우주 비행사들이 샘플을 채취하고, 지구로 가져와 시료 분석을 합니다. 거기서 필요한 광물을 추출하고, 이후 가공에 필요한 경제성 있는 방법을 모색하겠죠.

최근 각광 받고 있는 3D 프린팅 기술도 한몫을 하겠죠. 지구에서 설계 도면 파일을 보내면 소행성 현지 공장에서 그대로 출력해서 생산할 수 있을 테니까요. 지금 이미 플라스틱뿐만 아니라 금속을 이용한 3D 프린팅 기술이 가능하다고 들었습니다.

이명현　플래너리 리소스는 실제로 소행성에서 광물 채굴 도구를 만들어서, 채굴을 하고, 그걸 지구로 보내는 모든 일이 가능하리라고 보고 있어요.

강양구　근지구 천체의 위험도 기업의 탐욕이 해결하는 건가요? (웃음) 너도나도 혈안이 되어서 근지구 소행성을 캐내다 보면, 소행성이 없어질 테니까요.

김상욱　오히려 더 위험해질 수도 있죠.

문홍규　맞습니다. 소행성에서 광물을 채굴하면, 질량이 가벼워져 궤도가 달라질 거예요. 그중에는 지구 중력 영향으로 지구 쪽으로 더 끌려오는 소행성도 있을 수 있습니다. 더 위험해지겠죠. 위기가 기회가 될 수도, 기회가 위기가 될 수도 있는 '양날의 칼'입니다.

강양구　현재 소행성 자원을 이용할 권리에 대해서는 국제 사회의 합의가 없잖아요?

문홍규　아직 준비가 안 되어 있어요. 1984년에 발효된 '달과 기타 천체에서의 국가 행위를 규제하는 조약'이 있어요. 그런데 이 조약에 가입을 안 한 나라가 많습니다. 내심 미래 어느 시점에 달이나 다른 천체에 매장된 자원을 이용할 궁리를 하는 거겠죠. 그러니 지금은 어떤 기업이나 정부가 소행성의 자원을 채굴한다고 나서도 현실적으로 막을 방법은 없습니다.

이명현　플래니터리 리소스도 공공연히 이렇게 공언을 합니다. "모든 법률 검토가 끝났다!" 법률이 없는데 법률 검토를 했다는 게 우습긴 한데요. (웃음)

강양구　자기들이 원하는 방식대로 법률을 만들겠다는 것 아닐까요? (웃음)

김상욱　이 자리에 오기 전까지는 상상도 못했던 얘기를 듣고 있네요. 근지구 천체의 위험만 생각했는데…….

강양구　심지어 거기에 투자를 하고. (웃음)

김상욱　네, 정말 놀라운 일입니다.

문홍규　기업만 나선 게 아닙니다. 아까 희토류 때문에 일본이 중국에 굴욕을 당한 얘기를 했었죠? 그런데 바로 일본이 소행성 탐사에 굉장히 적극적입니다.
　아시다시피 일본은 세계 최고 수준의 로켓 기술을 보유하고 있어요. 일본 로켓 개발의 아버지가 이토카와 히데오 박사고요. 이 이토카와 박사의 이름을 딴 소행성이 '25143 이토카와'입니다. 그런데 일본은 이 소행성에 이온 엔진을 탑

재한 탐사선 '하야부사'를 보냈어요. 2003
년 5월에 발사해 2005년 9월 이토카와 표면
에서 먼지를 채집했습니다.

소행성이나 혜성의
궤도를 변경하는 데에는
흰색 페인트면
충분하다는 겁니다.

그리고 2010년 6월 13일 7년 만에 지구
로 귀환했어요. 그 과정에서 본체는 대기권
과 충돌해 연소했고, 소행성의 먼지를 담은
캡슐은 본체와 분리되어 오스트레일리아의
사막으로 떨어졌습니다. 캡슐 안에는 소행
성 표면에서 건진 먼지 입자 1,500여 개가
들어 있었는데, 그 분석 결과는《사이언스》
특별호에 발표됐지요.

이명현　소행성 탐사선을 미국, 일본이 보냈고, 중국은 보낼 예정입니다. 그런
데 실제로 소행성의 물질을 채취해서 온 것은 일본이 처음이죠. 일본은 지금 하
야부사 2를 만들고 있고요.

문홍규　한국에는 소행성 연구자가 거의 없으니, 이런 얘기가 막연하게 들리겠
죠. 그런데 미국 행성 과학자들 사이에서는 미래에 가장 잘 나갈 만한 행성 과
학 분야 가운데 일순위로 꼽히는 게 바로 '소행성 채굴(asteroid mining)'입니다.
NASA도 지금 그쪽으로 방향을 잡고 있고요.

강양구　박근혜 대통령은 "2020년에 달에 태극기가 휘날릴 것"이라고 공언했
는데, 이거 방향을 잘못 잡고 있는 것 아닌가요?

문홍규　아시는 것처럼 1969년부터 미국은 여섯 차례 사람을 달에 보냈습니
다. 러시아는 착륙에는 실패했지만, 로봇 탐사선을 여러 대 보냈고요. 계획대로

라면 2020년 이전에 중국, 일본, 인도도 추가로 탐사선을 파견할 거예요. 물론 달에 관해서 여전히 밝혀내야 할 문제가 남은 건 사실입니다.

하지만 우리에게 달 탐사 계획이 어떤 의미가 있는지 따져 봐야 합니다. 전 세계 과학자뿐만 아니라 후손들이 우리가 한 일을 평가할 테니까요. 우리나라 가 인류의 지식 증진에 얼마나 기여하게 될지, 달 탐사에서 거두게 될 과학 성 과가 무엇인지 스스로 묻지 않고 사업을 추진한다면 어떨까요? 얼마 전까지 과 학 위성이라는 이름을 건 국책 사업에 제대로 연구비가 책정되지 않은 건 부끄 러운 일입니다. 달에 간다고는 하지만, 우리가 손에 쥐게 될 그 방대한 데이터로 연구 논문을 쓸 젊은 과학자를 얼마나 양성했는지, 양성할 계획이 있는지 반문 합니다. 달에 가는 게 국가적 의제가 된 만큼 이제는 물러설 수 없게 되었습니 다. 그만큼 과학적, 기술적으로 치열한 고민과 탄탄한 준비가 필요한 때라 믿습 니다.

다른 한편으로는 그다음 단계 계획을 세워야 합니다. 일본과 중국, 인도처 럼 말입니다. 소행성으로 눈을 돌려 볼까요? 근지구 소행성 중에는 희귀 광물 뿐만 아니라, 연료와 용수로 쓸 수 있는 물과 가스가 매장된 천체가 많다고 알 려져 있습니다. 또 가깝기 때문에 우주 개발 중간 기지로서 활용 가치가 큽니 다. 지금은 국제 우주 정거장(ISS)이 '허브' 역할을 하지만, 20~30년 후에는 생 산 기지(공장)와 중간 기착 기지(터미널), 연료 공급 기지(주유소)로서 소행성의 가치와 역할은 지금 우리가 상상하는 것보다 훨씬 더 커지고 방대해질지도 모 릅니다.

근지구 소행성은 발사체 개발 측면에서 훨씬 부담이 적습니다. 하지만 착륙 기술은 난이도가 높죠. 앞선 제어 기술을 터득하는 좋은 기회가 될 수 있을 겁 니다.

한국의 망원경도 지구를 지킨다!

이명현 마지막으로 지금 한국에서 진행 중인 근지구 천체 연구의 현황을 살피고 마무리하죠.

강양구 딱 세 분이서요. (웃음)

문홍규 가슴 아픈 일이죠. (웃음) 하지만 이 분야를 공부하는 학생들도 이제 거의 열 손가락으로 꼽을 수 있습니다. 지금 저희는 큰 프로젝트를 추진 중입니다. 한국 천문 연구원이 망원경 네트워크 'KMTNet(Korea Microlensing Telescope Network)'을 준비 중입니다. 지름 1.6미터 망원경으로, 보현산 천문대 1.8미터 망원경보다 약간 작죠. 그런데 이 망원경이 2014년까지 오스트레일리아, 남아프리카 공화국, 칠레에 배치가 됩니다.

이렇게 망원경 네트워크를 완성하면 지구 자전에 상관없이 24시간 하늘을 감시할 수 있습니다. 이 망원경 네트워크의 원래 목적은 우리 은하 중심부를 관측해서 지구와 비슷한 행성을 찾는 거예요. 남반구에서는 여름에야 은하 중심의 궁수자리를 볼 수 있으니, 1년에 6개월은 다른 용도로 쓸 수 있습니다.

그래서 나머지 6개월간 이 망원경 네트워크를 어떻게 사용할지를 놓고서 프로젝트 제안서를 받았어요. 제가 동료들과 근지구 천체를 찾고 그 특성을 연구하는 프로젝트를 제안했는데, 다행히도 10개가 넘는 후보 프로젝트 중 2등을 차지했습니다. (웃음) 그래서 망원경 한 대당 45일을 쓸 수 있게 됐어요. 다 합치면 약 135일입니다. 이렇게 24시간 중단 없이 소행성의 광도 변화를 감시하는 건 연구자들의 오랜 꿈입니다. 그래서 외국 소행성 천문학자들이 다들 부러워합니다.

이명현 근지구 천체를 찾는 데 망원경 네트워크를 135일 사용할 수 있도록

한 건데요. 이 정도면 엄청난 시간입니다.

문홍규　물론 혼자서는 절대 못하는 큰 사업입니다. 전략적으로 NASA 제트 추진 연구소와, 소행성 발견에 성과를 많이 낸 미국 애리조나 대학교 팀에 공동 연구를 제안했어요. 그들도 흥분했고 제안을 흔쾌히 받아들였죠. 현재 소행성 감시 전용으로 제일 큰 망원경이 지름 1.5미터인데, 그보다 큰 망원경을 세 대나 쓸 수 있다고 하니까요. (웃음)

강양구　소행성을 발견하는 국제 프로젝트 팀을 이끌게 된 거잖아요? 정말 축하합니다. KMTNet이 대단한 재앙을 막을 수도 있겠네요.

문홍규　맞습니다. 그런 역할을 해야죠. 며칠 전에 확인해 보니까, 이미 발견된 근지구 소행성 중에서도 자전 주기, 형상, 표면 물질 등의 특성이 제대로 밝혀진 게 5퍼센트도 채 안 됩니다. 그러니까 학술 측면은 물론이고 얼마나 위험한지 또 어떻게 이용할지와 같은 질문에 답하려면 할 일이 산더미 같은 거죠.
　2015년 초부터 칠레 망원경에서 실험 관측을 시작하고, 2015년 말부터는 망원경 세 대 모두 정상 가동에 들어갑니다. 저희는 앞으로 2018년 말까지 KMTNet으로 가치 있는 성과를 일궈 낼 수 있도록 최선을 다할 겁니다.

이명현　원래 KMTNet은 지구와 유사한 행성을 발견할 목적으로 만든 거고, 근지구 천체 관측은 세 번째 임무인데요. 그런데 과학사를 보면 이런 두세 번째 임무에서 오히려 의미 있는 성과가 나온 적이 많습니다. 예를 들어서 일본의 고시바 마사토시에게 노벨 물리학상을 안겨 준 가미오칸데 실험이 그랬죠.
　가미오칸데 실험의 원래 목적은 물 분자의 원자핵 안에 들어 있는 양성자가 붕괴하는 현상을 관찰하기 위한 것이었어요. 그런데 1980년대 초반부터 지금까지 단 하나의 양성자 붕괴도 관찰하지 못했습니다. 대신 이 가미오칸데 실험으로 중성미자를 관찰하는 데 성공했죠. KMTNet도 근지구 천체 관측에서 훌륭한 성과를 낼지도 몰라요.

김상욱　듣고만 있어도 흐뭇하네요. (웃음)

문홍규　학위 과정 때에는 은하 관측을 전공으로 했다가 프로젝트를 하면서 근지구 천체 연구에 발을 담그게 되었네요. 처음에는 '돌덩이'를 연구하는 게 뭐 재미있을까, 하고 저도 반신반의했어요. 그런데 이게 공부를 하면 할수록 매력에 빠져드는 겁니다. 앞으로 이 분야에 도전하려는 학생들에게, 평생을 걸 만한 일이라고 말하고 싶습니다. 오늘은 여기까지 하죠. (웃음)

쇼는 이제 멈춰야 한다!

앤드루 스미스의 『문더스트』(이명현·노태복 옮김, 사이언스북스, 2008년)는 매력적인 책입니다. 어렸을 적 텔레비전으로 닐 암스트롱이 달에 첫발을 내딛는 장면을 봤던 저자 스미스는 어느 날 이런 질문을 던집니다. '도대체 우리는 왜 달에 가고자 했던 것일까?' 그리고 이 질문의 답을 찾고자 달에 직접 발자국을 남긴 12명 중에서 살아남은 9명을 찾아 나서죠.

대통령까지 나서서 2020년에 달에 태극기를 꽂겠다고 공언하는 마당에, 정작 이 책의 존재를 아는 눈 밝은 독자는 별로 없는 듯합니다. 그래서 기회가 닿을 때마다 이 책을 추천하곤 하죠. 그럴 때면 항상 듣는 반문이 있습니다. "그런데 달에 발자국을 남긴 사람이 고작 12명밖에 안 돼요?"

다들 1969년 7월의 어느 날, 아폴로 11호의 닐 암스트롱이 달에 발자국을 남긴 사실은 압니다. 하지만 바로 그 순간에 암스트롱과 버즈 올드린 두 동료를 달에 보내고서, 마이클 콜린스 혼자서 사령선을 타고 달 궤도를 돌고 있었다는 사실은 깜박 잊곤 하죠. 그리고 달에 발자국을 남긴 또 다른 사람들의 이야기는 아예 모르는 경우가 허다합니다.

1969년부터 아폴로 11호를 포함해서 총 일곱 차례에 걸쳐서 달로 사람을 보내려는 시도가 있었습니다. 그중에서 아폴로 13호는 달로 가는 도중에 사고를 당해서 지구로 구사일생으로 귀환했죠. (거의 우주 미아가 될 뻔한 이들의 생존기를 실감나게 표현한 영화가 바로 톰 행크스 주연의 「아폴로 13」(론 하워드 감독)입니다.)

다행히 나머지 여섯 차례는 모두 성공합니다. 1972년 12월 7일, 아폴로 17호의 유진 서넌과 해리슨 슈미트가 마지막으로 달에 발자국을 남기죠. 그러니까, 인류는 1969년 7월부터 1972년 12월까지 여섯 번에 걸쳐서 12명을 달에 보내고서, 40년이 넘게 달 근처에도 간 적이 없습니다. (혼자서, 달 궤도를 돌았던 마이클 콜린스와 같은 처지였던 6명도 기억해야겠죠.)

다시 처음의 질문으로 돌아갑니다. 그때 우리는 왜 달에 가고자 했던 것일까요? 가장 먼저 떠오르는 대답은 미국과 소련의 냉전입니다. 1957년 10월 4일, 소련이 최초의 인공 위성 스푸트니크 1호를 발사하고 나서부터, 우주 개발 경쟁은 당시 미국과 소련 사이에 한창이던 냉전의 상징이 되었죠.

그럴 만했습니다. 우주선을 발사하는 로켓은 곧 상대방 영토에 핵폭탄을 쏟아부을 수 있는 대륙 간 탄도 미사일이었으니까요. 스푸트니크 1호를 우주 궤도로 쏘아 올린 로켓(R-7)도 사실은 소련이 최초로 개발한 대륙 간 탄도 미사일이었습니다. 소련은 인공 위성을 쏘기 바로 전(1957년 8월 21일), 이 미사일을 태평양에 떨어뜨려서 미국 본토 공격의 가능성을 보여 줬죠.

우주 개발은 미국과 소련이 자기 체제('자유 진영'과 '공산 진영')의 자존심을 건 승부처이기도 했습니다. 1961년 4월 12일 소련의 유리 가가린이 인류 최초로 유인 우주 비행에 성공하자마자, 당시 미국의 존 피츠제럴드 케네디 대통령이 1960년대가 끝나기 전 달에 인류의 발자국을 남기고 돌아오겠다고 선언(1961년 5월 25일)한 것은 그 단적인 예죠.

그런데 스미스는 이런 정답 대신 다른 답변을 내놓습니다. 이 책에 따르면, 인류가 그때 달에 갔던 일은 "쇼, 유사 이래 가장 감동적인 쇼"였습니다. "과학자와 기술자 그리고 그들의 메마른 합리성이" 누구도 예기치 못했던

"예술 작품"을 빚어낸 것이죠. 미국인은 1960년대 9년 동안 한 사람당 약 120달러만 내고("연간 약 13달러") "저렴한 쇼"를 구경한 셈이죠.

1969년 7월 20일, 암스트롱이 달에 발자국을 내딛는 장면은 정말로 한 편의 "감동적인 쇼"였습니다. 하지만 과연 그것이 "저렴한 쇼"였는지는 의문입니다. 실제로 미국은 1960년대 아폴로 계획에만 약 250억 달러, 요즘 화폐 가치로 약 1700억 달러(약 170조 원)를 쏟아부었습니다. 2014년 9월 현재, 삼성전자의 시가 총액이 약 175조니 결코 적은 돈이 아니죠.

만약 달에 사람을 보내는 대신 이 돈을 다른 곳에 썼으면 어땠을까요? 꼭 이 돈을 노동, 주거, 의료 등 복지 서비스 같은 곳에 써야 했다는 말이 아닙니다. (그것이 무엇인지는 결코 알 수 없지만) 우주 개발이 아닌 다른 과학 기술에 이 돈이 쓰였다면, 인류는 전혀 다른 과학 기술에 둘러싸여 살고 있지 않을까요?

2003년 1월 16일 우주 왕복선 컬럼비아호가 대기권에서 폭발하는 사고 후에 미국의 유인 우주 개발이 주춤한 사이에, 미국에 이어서 '새로운 제국'을 꿈꾸는 중국이 유인 우주 개발에 박차를 가하고 있습니다. 만일 중국이 달에 오성홍기를 꽂는다면 그것이야말로 '중국인에 의한, 중국인을 위한, 중국인의' 때늦은 쇼로 기록되겠죠. 과연 이런 쇼에 우리도 동참하는 게 맞을까요?

달에 가는 것에 관한 논의를 처음 할 때, 찬성하는 사람이든 반대하는 사람이든 지구를 밖에서 보기 위해서 그 일을 해야 한다고 제안한 사람은 아무도 없었습니다. 하지만 사실은 그것이 가장 중요한 이유였을지 모릅니다. (『문더스트』)

스미스의 이 말을 읽고서, 이런 생각이 들었습니다. 냉전이 한창이던 1960년대, 바로 그 냉전의 산물(아폴로) 때문에 인류는 우주 한 곳에 외롭게 떠 있는 지구를 밖에서 보았습니다. 하지만 40년이 지난 지금, 인류의 모습은 어떤가요? 어쩔 수 없이 지구로 묶여 있는 인류는 지금 그때보다 조금이라도 더 가까워졌습니까? 오늘도 매체를 가득 채운 핏빛 소식은 어떻습니까?

이 질문에 고개를 끄덕이지 못하는 저로서는 결코 스미스에게 결코 동의할 수 없습니다. 여러분은 어떻습니까?

판도라의 상자,
뇌 과학

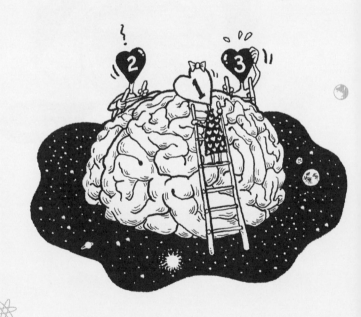

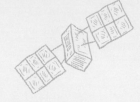

김승환
포항 공과 대학교
물리학과 교수

김상욱
경희 대학교
물리학과 교수

이명현
과학 저술가 /
천문학자

강양구
《코메디닷컴》
콘텐츠 본부장

장면 1. A는 트위터로 알게 된 B에게 호감을 느꼈습니다. 나중에는 사이버 공간이지만 따뜻한 대화도 주고받게 되었죠. 어떤 주제가 나와도 거침없이 대화를 잇는 박학다식에 감탄하고, 가만히 고민을 들어 주고 적재적소의 인용문을 날려 주는 센스에 '이 사람이야!' 하며 애정까지 샘솟았습니다. 그런데 도무지 얼굴을 보여 주려 하지 않는 B는 도대체 누구일까요?

장면 2. '보수의 화신' 대통령이 변했습니다. 갑자기 '독자가 진짜 주인이 되는' 대안 언론이 하나 있어야 한다면서 프레시안 협동 조합 가입 문의를 해 오셨어요. 북한에는 조건 없는 대화를 제안하고, 필요하다면 가까운 시일 내에 남북 정상 회담도 하자네요. 알쏭달쏭한 '창조 경제' 대신 '복지 경제'를 말합니다. 도대체 대통령한테 무슨 일이 생긴 걸까요?

장면 3. 연인 사이에 은밀한 수술이 유행입니다. 100일 기념으로 병원을 찾은 연인들이 받는 수술은 바로, 서로의 뇌를 연결하는 것입니다. 무선 장치가 달린 전극을 머릿속에 심으면 사랑하는 상대방이 무슨 생각을 하는지 알 수 있답니다. 바람이요? 꿈도 꿀 수 없죠. 타인에게 호감을 느끼는 순간 그 감정이 고스란히 전달이 되니까요.

장면 4. 희대의 연쇄 살인범이 법정에서 무죄를 주장해서 화제가 되고 있습니다. 남녀노소 가리지 않고서 잔인한 방법으로 수십 명을 살해하고, 심지어 그 인육을 먹기까지 한 A는 법정에서 이렇게 외치고 있어요. "내 탓이 아니라, 뇌 탓이야!" 실제로 그의 뇌 사진을 찍어 본 결과, 그는 정상인과는 뇌 구조가 상당히 다른 것으로 나타났죠.

갑자기 무슨 귀신 씨나락 까먹는 소리냐고요? 최근 각광을 받는 뇌 과학의 성과가 쌓이면 벌어질지도 모르는 일을 가상으로 써 본 것입니다. 오늘날 대부분의 과학자는 '마음' 혹은 '의식'의 생물학적인 기반이 뇌의 활동이라고 생각합니다. 그리고 그 뇌의 비밀을 파헤치는 과학이 바로 시쳇말로 요즘 '뜨는' 뇌 과학입니다.

2013년 4월 2일 미국의 버락 오바마 대통령이 "뇌의 신비를 풀자."라고 선언하면서 첫해 예산으로 1억 달러(약 1120억 원)를 지원하겠다고 밝힌 것도 흥미롭습니다. 마치 1961년 당시 케네디 미국 대통령이 "1960년대 말까지 달에 사람을 보내겠다."라고 선언한 것이 연상되니까요.

그런데 도대체 뇌 과학자는 어떻게 뇌를 연구할까요? 또 뇌 과학은 의식의 비밀을 어디까지 밝혔을까요? 그리고 뇌 과학이 밝힌 의식의 실체는 도대체 무엇일까요? 또 뇌 과학의 발전은 세상을 어떻게 바꿀까요? 「터미네이터」의 스카이넷, 「아바타」의 아바타 혹은 「인셉션」에서 나오는 타인의 기억을 훔치고 조작하는 일이 가능할까요?

이번에는 뇌 과학을 둘러싼 이런 궁금증을 해소해 보기로 합니다. 뇌 과학을 연구하는 물리학자인 김승환 포스텍 교수(현재 한국 물리학회 회장이자 한국 과학 창의 재단 이사장)가 가이드로 나섰습니다. 이제 알쏭달쏭한 뇌 과학의 세계를 여행할 시간입니다.

세상에서 가장 복잡한 네트워크, 뇌

강양구 오늘은 뇌 과학이 주제입니다. 그런데 뇌 과학은 정말 할 얘기가 많아서 어떻게 얘기를 시작해야 할지 막막합니다. (웃음) 일단 뇌 과학을 얘기하면서 전통적인 의미의 생명 과학자가 이 자리에 없는 이유부터 설명을 해야 할 것 같아요. 이곳에는 물리학자 두 분과 천문학자 한 분, 그리고 뇌도 과학도 잘 모르는 기자 한 명이 앉아 있습니다.

그러고 보니, 대한민국에서 대중적으로 제일 많이 알려진 뇌 과학자가 한국 과학 기술원(KAIST)의 정재승 박사잖아요. 정 박사는 『뇌 과학자는 영화에서 인간을 본다』(어크로스, 2012년)와 같은 책도 냈죠. 그런데 정 박사도 『물리학자는 영화에서 과학을 본다』(어크로스, 2012년) 같은 책을 냈던 물리학자거든요. (웃음)

이명현 강 기자가 지적했듯이 뇌 과학은 전통적으로 생명 과학의 영역이었어요. 그런데 최근에 와서는 물리학이 뇌 과학을 중요한 연구 분야로 간주합니다. 도대체 왜 물리학이 뇌 과학에 관심을 가지게 되었는지, 그 얘기부터 시작해서 꼬리에 꼬리를 물고 뇌 과학의 이모저모를 살펴보죠.

김승환 좋습니다. 그런데 이전에도 물리학자에게 있어서 뇌의 활동인 '의식'은 굉장히 흥미로운 연구 주제였어요. 실제로 20세기를 마감하면서 전 세계의 내로라하는 물리학자에게 '아직도 해결되지 않은 문제가 무엇인가?' 하는 질문을 던져서 10개를 꼽았어요. 그중 하나가 '의식의 비밀'이었습니다.

그러니까 물리학자에게도 의식을 이해하는 일은 우주를 이해하는 일만큼이나 흥미로운 주제였던 거예요. 그러니 물리학자가 지금 현재 과학계의 가장 큰 화두인 의식을 이해하기 위해서 그 구체적인 대상인 뇌에 관심을 가지는 것은 어찌 보면 당연한 일이라고 할 수 있을 겁니다.

물론 직접적인 계기도 있었지요. 뇌는 세상에서 가장 복잡한 시스템으로 알려져 있어요. 이 복잡한 뇌를 설명하는 가장 그럴듯한 표현이 '네트워크의 네트워크'입니다. 그러니까 뇌는 기능이 특화된 작은 네트워크인 '모듈'로 나뉘어 있는데, 그 모듈이 또 네트워크로 통합이 되어서 전체적인 기능을 하는 거죠.

그러니까 뇌를 이해하려면 우선 크고 작은 네트워크에 관심을 가져야 합니다. 그런데 이 네트워크를 이해하는 데 물리학자들이 확립해 놓은 '복잡계 과학 (complex systems science)'이 중요한 역할을 할 수 있어요. 복잡계 과학을 공부하던 물리학자들이 뇌 과학에 관심을 가지게 된 것도 바로 이런 이유 때문이죠.

강양구　여기서 또 새로운 용어가 하나 등장합니다. (웃음) '복잡계 과학'은 도대체 뭔가요?

김승환　저는 복잡계 과학을 무리 짓기의 관점에서 바라봅니다. 어떤 개체가 모여서 무리를 짓게 되면, 서로 정보를 주고받으며 소통을 합니다. 그런데 이렇게 개체들이 소통을 하면서 무리를 지을 때 놀라운 일이 일어나죠. 개체 하나하나가 보여 주지 않았던 행동을 무리가 하거든요. 이런 모습은 주변에서 쉽게 확인할 수 있죠.

무리 짓기를 이해하는 방식 중 하나가 복잡계 과학의 한 갈래로 등장한 '사회 물리학'입니다. 여러 사회 현상을 복잡계 과학으로 이해해 보려는 시도예요. 아주 민감하고 섬세한 한 사람, 한 사람이 무리를 지어서 집단을 이루면 어떤가요? 붉은 악마들이 "대~한민국!" 하고 외칠 때, 그 집단을 구성하는 특정 개인이 얼마나 섬세한 감수성의 소유자인지 그 내면 세계를 들여다보는 건 의미가 없죠. 그런 개인이 집단으로 무리를 지었을 때, 어떤 특정한 행동의 패턴을 보이는지가 오히려 중요하죠.

미국에서 연간 전신 마취 환자 5000만 명 중 5만 명이 수술 중 각성을 경험합니다.

바로 이게 복잡계 과학의 전형적인 접근입니다. 뇌도 그래요. 신경계를 이루는 기본 세포를 '신경 세포' 또는 '뉴런(neuron)'이라고 부릅니다. 성인의 뇌 무게는 1,400그램 정도인데, 그 안에는 이런 뉴런이 1000억 개가 들어 있어요. 이런 뉴런 하나하나가 서로 신호를 주고받으며 스스로 무리를 짓고(조직화), 뉴런 하나만 놓고는 상상도 할 수 없었던 특정한 기능을 수행합니다(발현).

물리학자는 이렇게 수많은 뉴런이 무리를 지어서 특정한 패턴을 보이는 현상을 바로 뇌 활동의 본질이라고 봅니다. 그러니 복잡계 과학이 뇌를 자신의 연구 대상으로 삼은 건 당연한 일이죠.

김상욱　여기서 딴죽을 한 번 걸어 보죠. (웃음) 복잡계 과학은 이름부터 '복잡한(complex)'이라는 수식어가 있죠. 그럼, 도대체 '복잡성(complexity)'의 정의는 뭔가요? 아까 "세상에서 가장 복잡한 뇌"라는 표현을 쓰셨는데, 난지도 쓰레기장도 굉장히 복잡하잖아요.

김승환　난지도의 쓰레기는 스스로 조직하지 않죠. 그런데 사회를 이루는 개인 또 뇌를 구성하는 뉴런은 스스로 무리를 짓죠. 무리를 지으면서 상호 소통하면서 특정한 기능을 보입니다.

강양구　김상욱 교수님의 질문을 제 식으로 약간 바꿔 볼게요. 방금 복잡계 과학의 대상이 되는 무리의 특징을 '자기 조직화(self-organization)'로 요약하셨어요. 그러니까 사람이나 뉴런 같은 개체가 상호 작용하며 스스로 다양한 패턴을 엮어 내고, 복잡계 과학은 바로 그 패턴에 주목하는 거죠. 그런데 구체적으로 어느 정도 규모의 무리면 이런 특징을 나타내나요?

이명현　도대체 몇 개냐? (웃음)

김승환　물리학자의 관점에서 보면, 하나는 외롭죠. (웃음) 그리고 둘 사이의 관계는 비교적 명확히 해명할 수 있어요. 그런데 셋부터는 복잡해집니다.

　'삼체 문제(problem of three bodies)'가 단적인 예죠. 그러니까 태양과 지구가 만유인력의 법칙에 따라서 어떻게 궤도를 그리는지는 수학적으로 풀 수가 있어요. 그런데 태양, 지구, 달이 만유인력의 법칙에 따라서 어떻게 상호 작용하며 궤도를 그리는지는 풀 수가 없어요. 셋부터 복잡해지는 거죠.

　우리가 연애할 때 보면 삼각관계가 있잖아요. 삼각관계가 얼마나 복잡해요? (웃음) 이렇게 셋 이상이 되면 우선 '복잡성'의 특징이 나타나기 시작합니다. 그런데 뇌 같은 경우는 1000억 개의 뉴런이 상호 작용하면서 만들어 내는 네트워크니 얼마나 복잡하겠어요. 더구나 평면적인 네트워크도 아니에요. 뉴런이 네트워크를 구성하고, 그 네트워크가 또 네트워크를 구성하고 …… 복잡성은 더욱더 커지죠.

김상욱　다음 얘기로 넘어가기 전에 한 가지만 더 짚고 가죠. 그동안 물리학을 지배하는 유력한 관점은 환원주의였어요. 그런데 복잡계 과학의 시각에서 보면, 이런 물리학의 환원주의적 시각은 거의 무용지물이라고 생각하는 건가요? 그러니까 모든 것을 설명한다는 '만물 이론(Theory of Everything)'이 불가능하다고 생각하는 건가요?

김승환　솔직히 말하면 몰라요. (웃음) 그러니까 뉴런이 뇌 속에서 상호 작용하는 모습을 컴퓨터로 시뮬레이션을 할 수가 있어요. 10만 개 정도의 뉴런이 상호 작용하는 모습을 시뮬레이션해서 거기서 나타나는 패턴을 확인한 다음에, 그것으로 뉴런 전체의 패턴을 짐작해 보는 거죠. 이런 시도가 성공할 수도 있습니다.

하지만 저는 회의적이에요. 10만 개의 뉴런에서 어떤 특정한 패턴이 나타났다고 해서, 1000만 개, 1000억 개의 뉴런이 상호 작용하는 무리에서 그런 패턴이 똑같이 나타나리라고 아무도 보장할 수 없거든요. 1000만 개의 단계에서 또 1000억 개의 단계에서 어떤 새로운 패턴이 발현될지 모르는 일이죠.

김상욱　동감입니다. 저 역시 환원주의에 회의적인데요. 흔히 농담처럼 하는 말이지만, 우리가 물질의 가장 작은 구성 요소인 쿼크의 구조를 안다고 해서, 물의 끓는점을 확인할 수 없거든요.

이명현　제가 한 번 비유를 해 보죠. 야구장에서 응원할 때 파도타기를 하잖아요. 우리가 관심이 있는 건 그 파도타기 모습, 그러니까 파도타기 패턴이거든요. 그러면 실제로 야구장에서 파도타기를 만들어 내는 이들이 꼭 사람일 필요는 없거든요. 원숭이 심지어 닭이 되어도 상관없죠. 복잡계 과학도 바로 이렇게 무리가 보이는 패턴에 관심을 보이잖아요.

> 물질의 가장 작은
> 구성 요소인 쿼크의
> 구조를 안다고 해서,
> 물의 끓는점을 확인할 수
> 없거든요.

그렇다면, 실제로 각각의 뉴런이 어떻게 행동하는지는 관심을 가질 필요가 없죠. 복잡계 과학이 환원주의적 관점과 거리를 둘 수밖에 없는 것도 바로 이 때문이 아닐까요.

각각의 뉴런, 혹은 10만 개의, 100만 개의 뉴런이 어떻게 움직이는지를 파악하는 게 1000억 개의 뉴런이 서로 엮여서 어떤 패턴을 보이는지를 설명하는 데 전혀 도움이 안 되니까요.

김승환　맞아요. 그래서 결국에는 뇌 과학의 패러다임이 바뀌는 거죠. 뉴런이 정확하게 어떤 메커니즘으로 신호를 전달하는가, 복잡계 과학의 입장에서는 이런 질문은 그다지 생산적이지 못하죠. 마치 캐리커처를 그리듯이 뉴런이 어떻게 신호를 주고받는지에만 초점을 맞춰도, 뉴런의 집단이 자기 조직화를 통해서 어떤 패턴을 발현하는지를 연구할 수 있습니다. 이게 바로 복잡계 과학의 힘이죠.

과학자, 의식의 비밀을 엿보다

강양구　우선 복잡계 과학자가 도대체 뇌를 어떻게 연구하는지 그 구체적인 방법도 소개해 주시죠. 특히 기존의 생명 과학, 그러니까 생물학 또는 생화학의 연구 방법과의 차이점에 주목해서요.

김승환　뇌를 다시 말하면 '마음의 집'이잖아요. 그런데 뇌를 생물학 또는 생화학의 관점에서 접근하면 당장 커다란 장애물을 만나요. 왜냐하면, 생화학 또는 생물학은 기본적으로 뇌의 하드웨어에 관심을 가지거든요. 하드웨어의 구조를 해명하면 그 소프트웨어의 실체까지 알 수 있으리라고 가정하는 거죠.
　그런데 이런 접근으로는 뇌의 실체를 확인할 수가 없어요. 소프트웨어가 변하면서 시간이 지나면 하드웨어가 바뀌거든요. 우리가 경험을 하고 기억을 하면 하드웨어가 재구성됩니다. 그리고 그렇게 재구성된 하드웨어가 또 소프트웨어의 내용에 영향을 주고요. 그러니까 하드웨어에만 초점을 맞추는 방식으로는 뇌를 전체적으로 이해하는 데 한계가 있죠.

복잡계 과학은 소프트웨어, 그러니까 뇌에서 정보가 처리되는 방식 자체에 관심을 갖죠. 그런데 그렇게 뇌에서 처리되는 정보가 지금 이 순간에도 엄청난 양으로 축적되고 있어요. 병원에서 환자의 상태를 측정하기 위해서 뇌파를 측정하잖아요. 바로 그런 무정형의 정보야말로 요즘 유행하는 말로 하면 '빅 데이터'죠. 바로 이 빅 데이터를 통해서 뇌의 비밀을 파헤칠 수도 있는 거죠.

김상욱 자, 그럼 이제 복잡계 과학이 뇌의 비밀, 즉 '의식이란 무엇인가' 이런 질문에 어떤 그림을 그리고 있는지 소개해 주시죠. (웃음)

김승환 좋아요. 그렇게 단도직입적으로 물어보면 얘기하기가 더 쉽죠. 지금 제가 한창 연구하는 내용을 중심으로 얘기해 볼게요. 지금 현재 의식의 비밀을 파헤치는 데는 크게 두 가지 접근 방법이 있어요. 하나는 시각에 관심을 가지는 겁니다. 머릿속으로 들어오는 정보의 80~90퍼센트가 시각 정보니 당연한 접근이죠.

일상생활에서 '보는 것'은 두 가지 종류가 있어요. 하나는 의식을 하면서 보는 거죠(watch). 다른 하나는 의식을 하지 않고 보는 것입니다(see). 의식의 비밀을 탐구할 때는 주의 집중해서 보는 watch에 관심을 가지죠. 즉 시각이 의식적으로 포착한 정보가 어떻게 처리되는지를 추적할 수 있으면 정보 처리의 메커니즘, 즉 의식의 비밀에 한 걸음 다가설 수 있으리라는 발상입니다.

강양구 또 다른 방법은요?

김승환 아무래도 시각에 관심을 가지는 과학자들이 많죠. 그런데 저는 다른 방법을 사용합니다. 장기간 수술을 할 때 전신 마취를 하잖아요. 그렇게 전신 마취를 시키면 중추 신경계를 공격합니다. 그러니까 전신 마취는 근육을 마비시킬 뿐만 아니라, 뇌의 상태에 변화를 줍니다. 즉 전신 마취로 환자의 의식을 직접적으로 제어하고, 또 시간에 따른 상태를 추적 관찰할 수 있죠.

이 전신 마취는 뇌 과학자가 사람의 의식을 직접 통제할 수 있는 거의 유일한 기회죠. 그래서 전신 마취를 통해서 의식의 비밀을 탐구하려는 이들이 많아요. 저도 마찬가지고요. 현실적인 이유도 있습니다. 병원에서 환자를 전신 마취시킬 때는 환자 상태 모니터링이 꼭 필요합니다. 그러니까 전신 마취할 때 뇌파를 비롯한 데이터가 축적되어 있는 상태죠.

현재 서울 아산 병원 마취 통증 의학과의 노규정 교수와 공동 연구를 진행 중입니다. 당연히 IRB(Institutional Review Board, 임상 시험 심사 위원회)의 허가를 받았고요. 전신 마취 환자들의 데이터를 분석해 보니, 흥미로운 결과를 얻었죠. 결과를 소개하기 전에 의식의 실체를 놓고서 제기된 몇 가지 가설부터 소개하죠.

이명현　감칠나게 하시네요. (웃음) 가장 고전적인 가설은 전두엽에 난쟁이가 앉아서 모든 것을 진두 지휘한다는 거죠. 전두엽이 의식의 모든 것을 관장하는 사령부라는 얘긴데요. (웃음)

김승환　맞아요. 또 다른 가설은 대뇌피질과 시상 양쪽에 회로가 있는데, 이 두 회로가 만드는 리듬이 만나고 깨지며 의식이 나타난다는 가설이 있어요. 지금 제가 주목하는 가설은 줄리오 토노니와 제럴드 에델먼 등의 '정보 통합 이론(Integrated Information Theory, IIT)'입니다. 이 가설은 뇌가 정보를 효율적으로 처리하고자 각각의 기능을 특화해 놓았다는 가정에서 시작합니다.

강양구　시각, 청각, 후각 등……. 모듈 이론이죠?

김승환　네, 그렇게 모듈이 있다는 거예요. 각각의 모듈을 통해서 들어온 정보를 통합해서 처리해야 하잖아요. 이렇게 각각의 정보를 통합해 처리하는 역량,

그게 바로 의식의 본질이라는 거죠.

김상욱 그 정보 통합은 어떻게 가능한가요?

김승환 전두엽에 앉아 있는 난쟁이가 그런 정보 통합을 담당하는 건 아니고요. (웃음) 일종의 자기 조직화가 일어나는 거죠. 사실 노규정 교수와의 공동 연구는 바로 이 정보 통합 이론이 의식의 실체라는 주장을 검증해 보자는 거였어요. 그런데 데이터를 분석했더니 흥미로운 결과를 얻었습니다.

강양구 얼른 소개해 주시죠. (웃음)

김승환 네, 보통 감각 정보는 뒤쪽에 있어요. 예를 들어, 시각 정보를 입력받는 시각 피질은 뇌 뒤쪽(후두엽)에 있습니다. 앞에서 얘기한 대로 이곳에서 우리가 머릿속에서 처리하는 정보의 90퍼센트를 차지하는 시각 정보가 입력이 됩니다. 그런데 그 정보가 통합되려면 전두엽으로 전달이 되어야죠.

거기서 정보 통합이 된 다음에 시각이 반응을 하려면 다시 그 결과가 시각 피질로 전달이 되어야죠. 그런데 마취를 하니까 이 전두엽에서 정보를 통합해서 다시 돌려보내 주는 경로가 막힌 거예요. 좀 더 구체적으로는 시각 피질이 있는 후두엽은 물론이고 그 앞의 전두엽으로도 정보가 전달되지 않아요.

이명현 전두엽과 머리 뒷부분 사이의 정보 전달 경로가 차단된 건가요?

김승환 그러니까 시각 피질에서는 계속해서 정보를 전두엽으로 보내 주는데, 이 전두엽에서 정보 통합이 안 되는 거죠. 이런 상태가 바로 마취를 통해서 의식을 잃은 상태인 거예요. 이 연구 결과는 마취학 분야에서 가장 권위 있는 학술 잡지인 《마취학(Anesthesiology)》 2013년 6월호의 표지 논문으로 실렸습니다.

강양구　의식의 실체가 정보 통합 과정이라는 걸 말해 주는 강력한 증거군요. 그런데 의식이 중간에 돌아올 수 있잖아요? '수술 중 각성'이라고 하죠.

김승환　조비 해럴드 감독의 호러 영화 「어웨이크」(2007년)가 바로 그 수술 중 각성 현상을 소재로 했죠. 마취 상태에서 깬 환자의 귀에 의사와 간호사가 수술할 때 대화가 들리는 거죠. "야, 수술 가위 가져와." 얼마나 무섭겠어요? 그런데 미국에서 전신 마취를 했던 이들을 조사했더니 약 0.1퍼센트가 이런 수술 중 각성을 경험했다고 고백했다죠.

1년에 전신 마취하는 환자가 미국의 경우에는 약 5000만 명이 된다니까, 무려 5만 명 정도가 이런 수술 중 각성을 경험한다는 얘기잖아요. 그러니까 노규정 교수 같은 분은 마취와 의식의 관계를 규명하는 일이 실용적인 목적도 있는 거죠. 전두엽에서 머리 뒷부분으로 차단되었던 정보가 다시 흘러가기 시작하면 의식이 깬 것, 즉 수술 중 각성이니 곧바로 대응을 할 수 있겠죠.

꿈을 조작해 자아가 바뀔 수 있다면⋯⋯

이명현　그럼, 이제 의식의 비밀을 밝히는 데 한 걸음 다가선 셈인가요?

김승환　글쎄요. 그게 그렇게 간단치 않아요. (웃음) 다음 그림을 한 번 볼까요. 우선 '깨어 있는 정도'와 '의식 정도'를 구분하기로 합시다. 예를 들어, 식물인간 상태의 사람은 인공호흡기 같은 생명 유지 장치 없이도 거의 모든 신체 기능이 활동 중이에요. 그러니까 분명히 깨어 있지만 의식은 없는 상태인 거죠.

그림의 가로축을 '깨어 있는 정도', 세로축을 '의식 정도'로 놓고 한 번 생각해 봅시다. 일단 지금 대화를 나누는 우리의 상태는 오른쪽 상단에 위치하겠죠. 의식이 있는 상태에서 깨어 있으니까요. 전신 마취를 한 상태는 왼쪽 하단에 위치하겠죠. 의식도 없을 뿐만 아니라 깨어 있지도 않으니까요. 왼쪽 하단 맨

구석에는 '혼수 상태'가 있겠죠.

　반면에 식물인간은 분명히 깨어 있는데 의식은 없으니 오른쪽 하단에 위치할 거예요. 그렇다면, 왼쪽 상단의 경우는 어떨까요? 의식은 분명히 있는데, 깨어 있지 않은 상태는 없을까요? 있습니다. 흔히 '루시드 드림(Lucid dream)' 혹은 '자각몽(自覺夢)'이라고 부르는 꿈을 꾸는 상태죠. 의식이 또렷한 그런 꿈입니다.

이명현　요즘에는 이 루시드 드림을 활용해 보려는 이들의 모임도 있어요. 저도 시험 공부할 때 자기 암시를 통해서 꿈속에서 자기 전에 공부한 내용을 정리해 보려고 시도한 적이 있습니다. (웃음)

김상욱　대단한 능력을 소유하고 계시는군요. (웃음)

김승환　수면 상태는 한가운데 정도에 위치하겠죠. 의식 정도도 중간 정도, 깨어 있는 정도도 중간 정도의 그런 상태요. 그런데 수면 상태도 '렘(REM, Rapid Eye Movement)수면'과 '비(非)렘(NREM, Non Rapid Eye Movement)수면'으로 나뉘죠. 비렘수면 단계는 또 얕은 잠부터 깊은 잠까지 네 단계로 나뉘고요.

렘 수면은 대뇌 활동이 활발한 반면에, 비렘수면은 대뇌 활동이 거의 정지하죠. 그러니 수면 상태도 자세히 들여다보면 그 분포가 굉장히 다양해질 거예요. 방금 거칠게 배치를 시켰습니다만, 과학자들은 이런 각각의 상태를 객관적인 지표로 정량화해서 구분을 해 보려고 합니다. 쉬운 일은 아닌데요, 그게 바로 의식을 연구하는 과학자들의 꿈이죠.

강양구　과학자의 꿈이 현실이 되면 실용적으로 쓸모가 많을 것 같아요. 예를 들어서, 장기간 식물인간 상태로 누워 있는 환자가 과연 다시 깨어날지 여부를 가릴 수도 있잖아요.

김승환　그렇죠. 함부로 인공호흡기를 떼면 곤란하잖아요. 만약에 앞에서 언급한 여러 가지 상태를 객관적인 지표로 정량화하는 게 가능해진다면, 각각의 상태의 전조를 확인해서 환자의 회복 가능성을 가늠할 수 있을 거예요. 그런데 방금 꿈이라고 말했잖아요. 이게 말처럼 쉽지는 않을 것 같아요. 크리스토퍼 놀란 감독의 「인셉션」(2010년) 보셨죠.

영화에서는 무의식 상태인 '림보' 상태에서 주인공의 기억을 훔치고 심지어 인격을 개조하죠. 그 영화를 보면서 이런 질문도 던져 볼 수 있죠. 의식과 무의식의 경계는 무엇인가? 또 과연 무의식은 한 가지 상태인가? 무의식에도 여러 가지 단계가 있을 수 있지 않을까? 이런 질문에 답을 할 수 있어야 뇌의 비밀, 즉 의식의 비밀에 한 걸음 다가갔다고 선언할 수 있지 않겠어요?

강양구　방금 「인셉션」 얘기를 하니까 소설 하나를 언급하고 넘어갈게요. 프랑스의 과학자 미셸 주베가 쓴 『꿈 도둑』(이세욱 옮김, 아침이슬, 2009년)인데요. 주베는 앞에서 언급한 '렘수면'에 최초로 관심을 가지고 그 특성을 해명한 과학자입니다. 그는 2004년에 쓴 이 소설에서 바로 이 렘수면 단계에서 꿈을 조작하면 타인의 인격을 바꿀 수 있으리라는 설정을 선보입니다.

사실 SNS
(사회 연결망 서비스)를
보면, 뇌의 신경망과
비슷합니다.

그 소설을 읽으면서 자신의 일관된 정체성, 즉 '자아'라고 부르는 것이 과연 어떻게 형성되는지를 놓고도 우리가 모르는 게 너무 많다는 걸 새삼 느꼈던 기억이 납니다. 더구나 우리는 암묵적으로 자신의 자아가 굉장히 강하고 고정된 것이라고 간주하곤 하잖아요. 그런데 주베는 그런 가정을 비웃죠. (웃음)

이 소설은 주베가 쓴 두 번째 소설인데요, 그가 1992년에 쓴 첫 번째 소설 『꿈의 성(Le Château des Songes)』도 번역이 되면 좋겠습니다. 이 소설은 18세기에 꿈의 비밀을 파헤치려고 했던 과학자(?)의 얘기라고 합니다. 그러니까, 김승환 교수님 같은 분들의 선구자의 행적을 소설로 기록한 책이라고나 할까요? (웃음)

김승환　「인셉션」이 주베의 덕을 톡톡히 봤군요. 정말로 의식, 무의식 심지어 자아에 대해서도 우리가 모르는 게 너무나 많아요.

김상욱　대화를 할수록 명확해지기는커녕 머리만 복잡해집니다. (웃음)

김승환　그럼, 제가 더 복잡하게 만들어 드리죠. (웃음) 기왕에 자아 얘기도 나왔으니까, 자아의 정의는 뭔가요?

강양구 국어 사전의 정의요? (웃음)

김승환 국립 국어원의 『표준 국어 대사전』을 보면, "자기 자신에 대한 '의식' 이나 관념"이라고 나옵니다. "대상의 세계(환경)와 구별된 인식이나 행위의 주체"이며 "체험 내용이 변화해도 동일성을 지속하는 …… '의식'의 통일체"라는 설명도 덧붙여 있죠. 금방 알겠지만 이런 설명 자체가 일종의 순환 논법의 오류예요.

왜냐하면, 도대체 '의식'이 무엇인지 모르니까요. 이런 상황에서는 "자아는 곧 의식하는 주체"고 "의식하는 주체는 곧 자아"라는 식으로 얘기할 수밖에 없죠. 그럼, 의식은 도대체 뭘까요? 1994년에 의식에 관한 국제 학회가 처음 열렸어요. 이 자리에 철학자, 심리학자, 인지 과학자, 뇌 과학자, 물리학자, 컴퓨터 엔지니어 등이 다 모였습니다.

이들이 얼마 전에 거의 20년 만에 다시 모였습니다. 그런데 그 주제가 '디파이닝 콘센서스(defining consensus)'예요. 정의부터 합의하자는 거죠. 그러니까 다양한 학문 배경을 가진 이들이 모여서 의식을 주제로 얘기를 시작한 지 20년이나 지났지만 도대체 의식이 뭔지를 놓고서 '정의'조차도 합의하지 못한 게 지금의 현실이라는 겁니다.

이명현 일단 의식이 뭔지 정의가 되어야, 의식과 무의식의 경계도 짓고, 또 아까 언급한 정량화도 시도할 수 있을 텐데요.

김승환 그런데 의식이 뭔지 정의를 해도 난점이 생기죠. 예를 들어서, 의식을 일단 정의를 했어요. 그러면 어떤 주체가 의식이 있는지 없는지 판정을 할 수 있는 조건이 마련이 될 거 아닙니까? 이제 커튼을 쳐 놓고 상대방과 '튜링 테스트'를 하듯이 대화를 하는 거예요. 대화 결과 상대방이 '의식을 가졌다.'고 판정했는데, 커튼을 열어 보니 거기에 컴퓨터가 있으면 어떡할 거예요.

김상욱 그것과 관련해서 생각나는 재미있는 문제가 있습니다. 예를 들어, 0부터 1씩 더하는 프로그램이 있어요. 그런데 이 프로그램에 '결과가 음수면 정지하라.'라고 단서를 달아 놓았어요. 결과는 계속해서 양수가 나올 테니, 이 프로그램은 무한 반복하겠죠. 그럼, 이렇게 무한 반복되는 프로그램을 미리 판별할수 있는 알고리듬을 만들 수 있을까요? 이게 바로 '정지 문제(Halting problem)'입니다.

1936년에 튜링은 이런 '정지 문제'를 해결할 수 있는 알고리듬을 만드는 것이 불가능하다는 걸 입증했죠. 이 대목에서 영국의 수학자 로저 펜로즈가 등장합니다. 그는 1989년에 펴낸 『황제의 새 마음(*The Emperor's New Mind*)』(박승수 옮김, 이화 여자 대학교 출판부 펴냄, 1996년)에서 흥미로운 가설을 제기합니다.

펜로즈에 따르면, 만약 인간의 두뇌가 0과 1의 이진법에 기반을 둔 컴퓨터와 같은 알고리듬, 그러니까 정교한 컴퓨터에 불과하다면 언젠가는 의사 결정을 내릴 수 없는 상황에 빠질 수밖에 없습니다. 튜링이 증명한 것처럼 컴퓨터에는 무한 반복이 불가피한 프로그램을 사전에 인지할 수 있는 알고리듬을 만들어서 탑재할 수 없으니까요.

그런데 인간은 그런 폭주 상태에 빠지지 않거든요. 아무리 모호한 상황에서 시간은 걸릴지언정 결국 결정을 내리죠. 펜로즈는 그렇다면 인간의 두뇌는 우리가 알고 있는 기계, 즉 컴퓨터와는 전혀 다른 방식으로 작동한다고 간주했어요. 그러니까 지금과 같은 방식으로는 아무리 시간이 지나더라도 결코 인간의 두뇌를 흉내 낼 수 없다고 결론을 내린 거죠.

강양구 그럼, 펜로즈가 내놓은 대안은 무엇입니까?

김상욱 펜로즈는 자기가 보기에는 다양한 상황에서도 자유자재로 의사 결정을 내리는 인간의 두뇌가 가능하려면 양자 역학적인 접근이 불가피하다고 여겼어요. 양자 역학은 온-오프(0과 1)와 같은 흑백 논리가 아니라 확률이니까요. 그렇다면 뇌의 어딘가에 양자 역학이 통용이 될 수 있는 미시 세계가 있어야 하잖아요. 그래서 한동안 뇌에서 그런 부분을 찾는 데 과학자들이 상당히 노력을 기울였죠.

그런데 결국에는 양자 역학의 중첩 상태가 가능할 정도로 작은 공간을 뇌에서 찾지 못한 모양이에요. 현재로서는 펜로즈의 주장은 가설에 머물렀죠. 개인적으로는 뉴런과 뉴런의 연결 부위인 시냅스는 원자(이온) 몇 개가 움직이는 상황도 많기 때문에 양자 역학이 작동할 수도 있지 않을까 하는 생각이 들기도 하는데……. 온도가 너무 높긴 하지만요.

김승환　펜로즈의 그런 견해가 한때 주목을 받았었죠. 개인적으로는 부정적입니다. 뇌는 우리가 경험하는 보통의 생태계와 비슷한 환경입니다. 양자 역학이 작동하기에는 너무 두껍고 잡음이 많아요.

다만 펜로즈의 지적은 의미가 있습니다. 아까도 다수의 물리학자가 사로잡혀 있는 환원주의적 접근의 한계를 얘기했습니다만, 뇌나 의식의 실체를 규명하기 위해서는 기존의 접근으로는 한계가 명백하다는 걸 논리적으로 보여 준 거죠. 그러니까 물리학을 비롯한 기존의 과학적 방법론을 혁신하지 않고서는 의식의 비밀에 결코 다가서기 어려울지 몰라요.

왜 인간인가?

김상욱　우리가 너무 인간만 얘기하고 있는 것 같아요. 사실 뇌 속에 들어 있는 신경망은 아메바와 같은 원생생물부터 인간에 이르기까지 다 가지고 있거든요. 그렇다면, 그 다양한 생물의 신경망의 분포 가운데 분명히 분

모든 사람의 뇌를 연결한다는 SF에서나 있을 법한 일이 현실에서 가능해졌군요.

기점이 있지 않겠어요? 그 분기점에 주목하면 뭔가 단서가 나오지 않을까요?

김승환 좋은 지적이에요. 우리를 괴롭히는 어려운 문제 중 하나가 '인간에게 있는 의식이 과연 동물에게도 있느냐?' 이런 질문이거든요. 어쨌든 아메바에는 분명히 없는 것 같아요. 저는 쥐의 경우에도 인간과 비교할 만한 의식이 있다고 생각지 않습니다. 결국은 다시 의식의 정의로 돌아가는데요.

김상욱 의식이 없다고요?

김승환 네, 저는 의식의 중요한 요소 중 하나가 '의도'라고 생각해요. 예를 들어 보죠. 쥐 앞에 레버를 2개를 제시하면, 그 쥐는 의도를 가지고 그중 1개를 당기는 게 아니죠. 무작위로 당겨 봤다가, 오른쪽 레버를 당기면 먹을 것이 나오고 왼쪽 레버를 당기면 전기 충격이 나오니까, 나중에는 오른쪽만 선택하는 거거든요.

이렇게 학습한 쥐의 뇌를 보면 오른쪽을 당기기 전에 특정한 뇌파의 신호가 있어요. 그런데 그런 신호를 과연 의식 활동으로 봐야 할지에 대해서는 회의적입니다. 아까도 얘기했지만, 저는 각 모듈에서 보내는 정보를 통합할 수 있는 능력을 의식의 실체라고 보고 있습니다. 그렇다면, 과연 동물의 정보 통합 능력이 어느 정도나 되는지가 관건이겠죠.

지금 침팬지와 같은 유인원은 물론이고 고양이 등을 놓고도 시각으로 접근하는 의식 연구는 많이 진행 중입니다. 그런 연구 성과가 쌓이면 동물도 과연 의식을 가지고 있는지, 또 인간과 어떤 면에서 같고 다른지에 대해서 답을 찾을 수 있을 거예요. 참, 또 중요한 문제는 인간의 경우에 태어난 다음에 언제 의식이 생겨날까, 이런 질문입니다.

이와 관련해서는 2013년 4월 19일자 《사이언스》에 발표된 논문(「영아의 경우 지각 의식의 신경 세포적 표지(A Neural Marker of Perceptual Consciousness in

Infants)」)에 새로운 연구 결과가 발표되었어요. 5개월 된 아기의 뇌파를 분석했더니 어른의 뇌파와 거의 비슷한 의식 수준을 보였다는 거예요. 이전에는 아기의 의식은 15개월 이후에나 발생한다고 생각했는데, 그 시기를 무려 10개월이나 당긴 거죠.

강양구   어떤 실험이었나요?

김승환   아기들에게 얼굴 사진을 보여 줬어요. 처음에는 빠른 속도로 보여 주다가 나중에는 천천히 보여 주면서 아기들이 좀 더 주의 깊게 사진을 볼 수 있도록 만든 거죠.
　　실험 결과가 아주 흥미로워요. 처음에 빨리 사진을 보여 줄 때는 어른의 무의식 상태에 해당되는 빠른 뇌파가 관찰되다가, 나중에 천천히 보여 줄 때는 의식 상태 성인의 뇌파와 흡사하게 나타난 거죠. 12개월과 15개월 사이의 아기는 이런 경향이 좀 더 강하게 나타나고요.

강양구   그 실험 결과는 경험적으로도 맞는 것 같아요. 우리 아기가 10개월인데 거의 의식이 또렷한 것 같거든요. (웃음)

김승환   이런 실험 결과는 그 의미도 남달라요. 왜냐하면, 의식의 형성에서 외부 환경과의 관계가 중요하다는 걸 보여 주는 거니까요. 태어난 아기가 비록 5개월밖에 안 되었지만 환경과 상호 작용을 하면서 습득한 정보를 통합해서 처리하고 그런 속에서 의식이 생긴다는 겁니다. 아기가 아무것도 안 하는 것처럼 보여도 정보 통합 능력을 키우고 있는 거죠.

강양구   오늘 과학 수다를 꿰뚫는 질문은 '왜 인간인가.' 같군요.

김승환　뇌 과학의 '구루(guru)'라고 할 수 있는 마이클 가자니가가 쓴 책 중에 『왜 인간인가』(박인균 옮김, 추수밭, 2009년)가 있습니다. 이 책에서 가자니가는 인간다움의 특별함이 '뇌의 사회성'에서 온다고 주장합니다. 수백만 년 동안 인류가 생존과 번영을 위해서 사회적으로 진화한 엄청난 노하우가 뇌의 회로에 축적되었다고 보는 거죠.

인간은 서로 사회적 행동을 관찰하면서 협동과 경쟁의 양면성, 비사회성의 위험 등을 학습하며 우리 뇌의 사회적 본성을 최적화하는 형태로 발전해 왔다는 거예요. 이런 가자니가의 통찰은 앞에서 살펴본 연구 결과와도 통하죠. 인간의 의식이 형성되는 데 타인을 포함한 주변 환경과의 상호 작용이 중요하다는 얘기니까요.

그러니까 의식의 비밀을 파헤치는 뇌 과학은 곧 '왜 인간인가?' 바로 이 질문의 답을 찾는 과정이기도 합니다. 지금은 호롱불을 겨우 켠 수준이지만 앞으로 뇌 과학이 인간다움의 정체가 무엇인지, 그러니까 그 생물학적인 기반이 무엇인지 해명하는 데 큰 역할을 할 수 있으리라고 기대해 봅니다.

김상욱　그런데 앞으로 뇌 과학의 성과가 축적되면 심각한 윤리적인 문제를 낳을 가능성도 커 보입니다. 아까 인간의 정체성을 조작하는 영화나 소설의 설정을 언급하긴 했습니다만, 그 정도까지는 아니더라도 뇌 과학이 발전할수록 이전에는 생각지도 못했던 윤리적인 문제가 제기될 것 같아요.

강양구　마침 가자니가가 최근에 낸 책이 『뇌로부터의 자유』(박인균 옮김, 추수밭, 2012년)입니다. 이 책에서 가자니가는 바로 그 문제를 짚고 있죠. 예를 들어, 미국에서는 또 한국에서도 살인 혹은 강간과 같은 중죄를 저지른 죄인들이 변호사를 앞세워 이렇게 항변을 한다는 거예요. "내 탓이 아니라, 뇌 탓이다!" 가자니가는 이런 분위기에 대해서 단호하게 비판하죠.

가자니가는 우리가 지켜야 할 사회의 여러 가치는 둘 이상의 뇌가 상호 작용하는 사회적 관계 속에서 발현되는 것이기 때문에, 특정한 범죄자의 형량을 판단할 때 그 사람 뇌의 이상 유무에만 초점을 맞추는 건 위험한 발상이라고 주장하죠. 그는 요즘에는 이런 식의 주장에 혹하지 않도록 판사나 검사를 교육시키는 일도 하고 있답니다. (웃음)

각각의 정보를 통합해서 처리할 수 있는 역량, 그게 바로 의식의 본질이라는 것입니다.

김승환　앞으로 뇌 과학이 발달할수록 또 과학 기술이 발달할수록 영화 속에서 그려 졌던 디스토피아 상황이 도래할 가능성이 커집니다. 그런 맥락에서 윤리 논쟁도 활발해질 거예요. 저는 과학자들이 그런 논쟁에 더욱더 적극적으로 참여해야 한다고 생각합니다. 또 가자니가처럼 과학이 가져올 부정적인 영향을 경고하는 데 주저하지 말아야죠.

뇌 과학, 판도라의 상자인가?

김상욱　뇌 과학이 발달하면 정말로 예측하지 못했던 파국적인 상황이 도래할 것 같아요. 인간이 자기 자신의 의식이 어떻게 작동하는지를 이해했을 때, 심지어 그것을 조작할 가능성이 생겼을 때 과연 어떻게 행동할까요? 생명 공학이 가져올 문제보다 훨씬 더 큰 재앙을 낳을지도 몰라요.

김승환　새로운 가능성을 열어 주기도 하죠. 캐시 허치슨(59세)의 극적인 사례가 있잖아요. 2012년 4월이었던가요? 뇌졸중으로 15년 동안 팔다리를 포함한 전신이 마비되었던 허치슨이 자기 스스로 모닝커피를 마시는 동영상이 화제가 된 적이 있었죠. 그는 자기 팔이 아닌 로봇 팔을 이용해 빨대로 커피를 마시는

데 성공했습니다.

어떻게 했을까요? 허치슨의 뇌를 연 다음에 오른손과 왼손의 움직임을 관장하는 뇌의 한 부분에 전극을 이식한 거예요. 이 전극은 뇌파를 컴퓨터로 보내서 번역한 다음에 로봇 팔로 보냅니다. 그러니까 로봇 팔은 허치슨이 생각한 대로 움직이는 거예요. 15년 만에 자기 의지대로 모닝커피를 마셨을 때의 짜릿한 기분을 상상할 수 있겠어요?

이스라엘의 한 팀은 프랑스에 있는 로봇을 통해서 입력된 시각 정보를 이스라엘에 있는 사람의 뇌에 연결하는 실험을 했어요. 그런데 분명히 로봇을 통해서 입력된 정보인데, 마치 자기가 진짜로 프랑스에 있는 것처럼 느끼는 거예요. 영화 「아바타」에서 보여 준 현실 공간의 '아바타'와 다를 게 뭔가요?

전에는 불가능했던 일들이 점점 가능해지고 있습니다. 과학자들이 어떤 짓을 했는지 또 얘기해 줄까요? 2013년 3월에 쥐 두 마리의 뇌를 연결했어요. 그런데 쥐 한 마리는 브라질에 있고 다른 한 마리는 미국에 있어요. 브라질에 있는 쥐의 뇌파 신호를 미국에 있는 쥐한테 인터넷으로 전송을 합니다. 어떤 일이 벌어졌을까요?

브라질에 있는 쥐가 왼쪽 레버를 움직이면 미국에 있는 쥐도 왼쪽 레버를 움직입니다. 행동이 정확히 일치하지는 않지만, 같은 행동을 할 가능성이 확률적으로 높죠. 이 짓을 한 과학자들은 "자기들이 뇌 2개로 하나의 새로운 뇌를 창조했다."라고 주장합니다. 좀 세죠? 하지만 이런 게 가능하면 이거야말로 말 그대로의 '집단 지성' 아닌가요?

강양구　정말 모든 사람의 뇌를 연결한다는 SF에서나 있을 법한 일이 현실에서 가능해졌군요. 정말로 레토릭 수준이 아니라 진짜 '집단 지성'이 가능하겠네요.

김상욱　그런데 이미 인터넷에서는 그런 일이 벌어지고 있는 것 아닌가요? 유저 한 사람 한 사람이 뉴런이 되어서 서로 신호를 주고받는 식이요. 오늘 얘기를 듣고 보니, 어쩌면 인터넷 안에서는 우리가 모르는 의식이 이미 창발되고 있는 게 아닌가 하는 생각이 드는군요. (웃음)

김승환　사실 SNS(사회 연결망 서비스)를 보면, 뇌의 신경망과 비슷합니다. 서로 모방하고, 협력하고, 경쟁하고……. 그 과정에서 정보를 주고받으며 끊임없이 상호 작용하는 행태가 뉴런의 네트워크와 비슷하죠. 그리고 정말로 SNS에는 집단적인 의식의 흐름이 있는 것도 같잖아요. 어느 날 갑자기 이 인터넷-집단 지성이 자기 스스로 말을 걸어올지도 모르죠. (웃음)

김상욱　그러니까요. 우리가 모를 뿐이지 이미 인터넷에는 새롭게 만들어진 자아가 있는지도 모르겠어요.

김승환　그게 「터미네이터」에 나오는 '스카이넷'이 되지 말라는 법도 없죠. (웃음)

강양구　기자들끼리 하는 우스갯소리입니다만, 트위터와 같은 SNS를 열심히 하는 지식인이 하나같이 비슷한 패턴으로 망가지거든요. 혹시 우리가 알지 못하는 인터넷의 초자아가 그런 쪽으로 유도하고 있는 건 아닐까요? SNS를 열심히 하면 자기도 모르게 자아가 바뀐다는 거죠. (웃음)

김승환　그런 일이 있었군요. (웃음) 이제 오늘의 수다를 정리합시다. 마지막으로 물어보죠. 「인셉션」의 마지막 장면을 떠올려 보세요. 정말 팽이는 돌고 있습니까? (웃음)

이명현　우울해지네요. (웃음) 우리가 많이 알았잖아요. 우리 몸의 구성 요소가 우주의 진화 과정에서 생성되었다는 사실도 알았고, 또 지금의 우리가 오랜 진화의 산물이라는 것도 알았죠. 그리고 이제는 자기 자신의 의식이 어떻게 발현되었는지도 알 듯하고요. 어떻게 생각하면, 이제 생물 종으로서 할 일을 다 했으니 멸종할 일만 남은 게 아닌가요?

김상욱 이제 집단 지성이 자살 명령을 내릴 일만 남았나요?

김승환 지금 제가 금단의 연구를 하고 있는 건가요? 이거 연구비 받아야 하는데, 오늘 수다는 오프로 하면 안 되나요? (웃음)

'문과'와 '이과'의 장벽 허물기

여러분은 '문과' 쪽입니까, '이과' 쪽입니까? 우리는 어느 순간부터 문과와 이과로 나눠서 세상을 바라보는 데 익숙해 있습니다. 인문·사회 과학은 '인간'과 그것의 상호 작용의 결과인 '사회'에 관심을 두고, 자연 과학은 인간을 뺀 '자연'에 관심을 두기로 역할 구분을 한 것도 바로 이런 두 문화 간의 장벽 쌓기 때문이죠.

이번 수다는 이런 역할 구분이 얼마나 무의미한 것인지를 보여 줍니다. 어쩌면 이런 수다를 읽고서 어떤 이들은 화를 낼지도 모르겠습니다. 감히 과학자가 인간의 의식을 논하려 한다고 말이죠. 또 다른 이들은 환호성을 지를 수도 있겠죠. 이제 철학자나 사회학자의 뜬 구름 잡는 얘기가 아니라 '과학적으로' 인간 의식의 비밀을 해명할 수 있게 되었다고 말이죠.

이런 두 가지 반응은 사실 또 다른 편견의 산물에 불과합니다. 한 가지 예를 들어 보죠. 혹시 '구조주의'를 들어 본 적이 있나요? 이 알쏭달쏭한 개념을 딱 한마디로 정의하기는 어렵습니다. 지금까지 읽어 본 여러 설명 중에서 그나마 우치다 타츠루의 것이 보통 사람의 눈높이에 맞습니다.

우리는 늘 어떤 시대, 어떤 지역, 어떤 사회 집단에 속해 있으며 그 조건이 우리의 견해나 느끼고 생각하는 방식을 기본적으로 결정한다. 따라서 우리는 생각만큼 자유롭거나 주체적으로 살고 있는 것이 아니다. 오히려 대부분의 경우 자기가 속한 사회 집단이 수용한 것만을 선택적으로 '보거나, 느끼거나, 생각하기' 마련이다. 그리고 그 집단이 무의식적으로 배제하고 있는 것은 애초부터 우리의 시야에 들어올 일이 없고, 우리의 감수성과 부딪치거나 우리가 하는 사색의 주제가 될 일도 없다. (『푸코, 바르트, 레비스트로스, 라캉 쉽게 읽기』 (우치다 타츠루 지음, 이경덕 옮김, 갈라파고스, 2010년))

우리는 자신을 스스로 판단하고 행동하는 '자율적인 주체'라고 믿습니다. 하지만 그런 판단과 행동마저도 이미 존재하는 어떤 구조, 예를 들면 역사, 언어, 습속 혹은 사회적 관계에 의해서 제약을 받고 있다는 생각, 바로 이것이 구조주의입니다. 이름은 한 번쯤 들어 봤을 법한 카를 마르크스나 클로드 레비스트로스는 이런 구조주의에 입각한 사유를 가장 대표하는 이들이죠.

마르크스나 레비스트로스의 사상을 제대로 알지 못해도 구조주의는 지금 우리가 세상을 바라보는 방식에 커다란 영향을 미치고 있습니다. 흥미롭게도 뇌 과학 역시 구조주의와 대단히 흡사합니다. 인간 의식의 물리적 토대인 뇌는 오랫동안 진화를 거쳐 온 '역사의 산물'입니다. 그리고 그것은 성장하면서 끊임없는 다른 뇌와의 상호 작용을 통해서 빚어진 '관계의 결과'죠.

어떻습니까? 우리의 뇌에 진화의 '역사'와 사회의 '관계'가 각인되어 있고, 그것이 우리가 정보를 습득하고 판단하고 행동하는 데 영향을 줄 수밖에 없다는 뇌 과학의 생각이야말로 놀랄 만큼 구조주의와 똑같습니다. 사실 진화의 흔적을 연구함으로써 인간과 사회의 핵심을 파악할 수 있으리라고 전망하는 동물 행동학이나 진화 심리학 역시 마찬가지입니다.

흥미로운 점은 이뿐만이 아닙니다. 1970년대 이후 인문·사회 과학의 중요한 흐름은 바로 앞에서 언급한 구조주의의 한계를 극복하는 것이었습니다.

그런데 바로 그 시점에 에드워드 윌슨은『사회 생물학』(1975년)을 펴내서, 진화의 흔적을 연구함으로써 자연뿐만 아니라 인간 더 나아가 사회까지 설명할 수 있으리라는 야심을 피력했죠. 절묘하지 않습니까?

인간 또 사회를 제대로 이해하는 일은 철학, 사회학과 같은 인문·사회 과학만으로 혹은 뇌 과학, 진화 심리학과 같은 자연 과학만으로는 불가능합니다. 인문·사회 과학이 오랫동안 쌓아 온 성과와 자연 과학의 새로운 시도가 말 그대로 통섭할 때 비로소 문과와 이과, 두 문화의 장벽이 허물어질 것입니다.

4

양자 역학

슈뢰딩거의 고양이와 함께 양자 세계를 여행하다

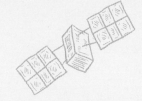

이상욱
한양 대학교
철학과 교수

김상욱
경희 대학교
물리학과 교수

이명현
과학 저술가 /
천문학자

강양구
《코메디닷컴》
콘텐츠 본부장

양자 컴퓨터 정보 처리 속도 '디지털 컴퓨터'의 수백만 배.

양자 컴퓨터 현실화 땐 세상 뒤바꿀 수학 신세계 열려.

도청·감청 위험 원천 차단 …… 100배 정확한 시계까지.

2012년 10월 9일 노벨 물리학상 수상자가 프랑스의 세르주 아로슈와 미국의 데이비드 와인랜드로 결정되자, 국내외 언론은 이런 제목의 기사를 쏟아냈습니다. 기사를 읽어 보면, "양자 물리학", "양자 역학", "광자", "슈뢰딩거의 고양이" 등의 단어가 어김없이 보입니다.

하지만 기사를 아무리 읽어도 알쏭달쏭합니다. '양자 물리학 혹은 양자역학은 도대체 뭐지?' '광자, 빛 알갱이?' '슈뢰딩거의 고양이는 또 뭐야? 미국 드라마 「빅뱅 이론」에서도 나왔던 단어인 것 같은데…….' '도대체 양자물리학과 양자 컴퓨터는 어떻게 연결이 되는 거야?' '여기서 갑자기 도청차단 얘기는 왜 나오지?' 질문이 꼬리에 꼬리를 뭅니다.

막스 플랑크, 알베르트 아인슈타인, 닐스 보어, 막스 보른, 베르너 하이젠베르크, 볼프강 파울리, 에르빈 슈뢰딩거, 폴 디랙 등이 20세기 초반에 양자 물리학 혹은 양자 역학의 시대를 열었습니다. 양자 역학(量子力學)은 말 그대로 '양자가 힘을 받을 때 어떻게 운동하는지 밝히는 물리학의 이론'입니다.

그럼, 양자(quantum)는 뭘까요? 양자는 말 그대로는 연속적인 양이 아니라 불연속적인 양, 즉 모래알과 같은 알갱이로 이루어진 것을 말합니다. 이런 양자의 양은 1개, 2개, 3개 이런 식으로 띄엄띄엄 측정할 수밖에 없지요. 앞서 언급한 과학자들은 세상을 구성하는 미시 세계의 요소들이 바로 이렇게 띄엄띄엄 존재하는 알갱이라는 사실을 확인했습니다.

가장 대표적인 게 빛입니다. 과학자들은 예전부터 빛의 본성이 물결이나 소리와 같은 파동인지, 아니면 모래알과 같은 입자인지를 놓고서 논쟁을 벌여 왔습니다. 결국 아인슈타인은 빛이 파동이긴 하지만 그 에너지가 일정한 단위로 띄엄띄엄 떨어져 있는 입자이기도 하다고 주장했습니다. 이 빛 알갱이를 '광양자(光量子)' 혹은 줄여서 '광자(光子)'라고 부릅니다.

나중에는 애초 입자로 알려진 전자, 양성자와 같은 미시 세계의 구성 요소들이 입자뿐만 아니라 파동의 성질도 가진다는 사실도 확인되었습니다. 양자 역학은 이렇게 입자와 파동의 성질을 동시에 갖는 광자, 전자 등 미시 세계의 구성 요소들이 어떻게 움직이는지에 관심을 둡니다. 그리고 과학자들은 이들이 우리의 상식과는 다르게 움직인다는 걸 확인했습니다.

아로슈와 와인랜드는 양자 물리학 특히 양자 광학 실험 분야에 수십 년을 바친 과학자입니다. 그런데 이들의 실험을 제대로 이해하려면 앞에서 언급한 지난 100년간 축적된 양자 물리학의 이론과 그 연장선상에서 진행된 수많은 실험을 알아야 합니다. 그러니 한두 편의 기사로 이들이 노벨상을 받은 이유를 파악하는 건 당연히 어렵습니다.

하지만 어렵다고 이번에도 단어만 몇 개 훑고서 넘어가면 20세기의 과학사에서 빼놓을 수 없는 중요한 사건 중 하나이자, 오늘날 디지털 시대의 밑바탕이 된 양자 물리학에 한 걸음 다가갈 기회를 영영 잃을지 모릅니다. 물리학자 김상욱 부산 대학교 교수와 과학 철학자 이상욱 한양 대학교 교수가 친절한 가이드를 자처했습니다. 이들은 가능하면 쉽게(!) 노벨상을 수상한 아로슈와 와인랜드의 실험을 소개하면서, '슈뢰딩거의 고양이', '얽힘'과 같은 양자 물리학의 핵심 개념에 한 걸음 더 다가갈 수 있도록 돕습니다.

20세기 양자 물리학의 역사를 대화로 재구성한 멋진 책인 루이자 길더의 『얽힘의 시대』(노태복 옮김, 부키, 2012년)를 읽고서 매트 리들리는 "잠시나마 내가 양자 역학을 이해했다고 여길 뻔했다."라고 너스레를 떱니다. 이번 수다를 읽고서 독자 여러분도 "잠시나마 양자 물리학을 이해했다고 착각한다."면 이번 수다의 목적은 달성한 셈입니다.

단, 잊지 마세요! 양자 물리학의 초석을 닦았던 과학자이자 20세기의 천재 중의 천재로 꼽히는 아인슈타인은 이런 고백을 했습니다. "요즘은 양자론과 씨름하다가 잠시 기분 전환용으로 상대성 이론을 다룰 뿐이네." 또 우리 시대의 저명한 물리학자 레너드 서스킨드도 신경망을 "재배선"해야 양자 역학의 "새로운 논리"에 다가갈 수 있으리라고 강조했죠.

자, 여러분 머릿속의 신경망을 재배선할 준비가 됐습니까?

2012년 노벨 물리학상의 비밀

이명현   먼저 2012년 노벨 물리학상 얘기부터 해 볼까요? 서지 아로슈와 데이비드 와인랜드가 공동으로 수상했어요. 그런데 정작 본인들도 자신의 수상을 의아해 했더군요.

김상욱   그럴 만합니다. 국내에도 이들과 비슷한 연구를 해 온 과학자들이 꽤 있어요. 그런데 이 과학자들도 노벨 물리학상 발표를 듣고서 고개를 갸우뚱했다고 해요. 보통 노벨상은 한두 마디 열쇳말로 설명할 수 있는 선구적인 업적에 주는 경우가 많잖아요. 2012년에는 그렇지가 않아요. 이 과학자들이 훌륭한 연구 업적을 많이 낸 것은 맞지만 해당 분야의 수많은 연구자들과 비교했을 때 특별한 열쇳말을 독점한 이들은 아니거든요.

이명현   공식적인 수상 이유는 뭔가요?

김상욱   홀로 존재하는 개별 양자계(individual quantum system)를 실험을 통해서 구현했다는 거예요. 말만 들으면 뭔가 싶지만, 사실 내용은 아주 단순합니다. 20세기 초에 양자 물리학이 태동하고 나서 100여 년이 지난 지금까지 이론적으로는 풍성한 예측이 있었습니다. 그런데 정작 그런 이론을 실험으로 구현하는 일은 쉽지가 않았어요.
　왜냐하면 양자 물리학은 기본적으로 입자 하나에 주목하거든요. 그런데 입자 하나가 이론처럼 움직이는지를 실제로 확인하는 것은 정말로 힘들었어요. 예를 들어서 광자나 원자는 양자 물리학이 예측한 여러 성질을 가장 잘 보여주는 입자입니다. 광자는 빛 알갱이를 가리키는 말이고요.
　하지만 광자나 원자 하나를 다루는 것이 쉬운 일은 아닙니다. 일단 크기가 상상을 초월할 정도로 작습니다. 원자 수십만 개를 일렬로 늘어세워 봐야 겨우 머리카락 굵기밖에 안 되거든요. 더구나 본다는 것의 본질은 결국 빛을 인지하는 것이죠. 바로 그 빛의 다른 이름인 광자를 보는 순간 그것은 우리 눈에 흡수되어 없어질 수밖에 없어요.

코펜하겐 해석에 반발해 에르빈 슈뢰딩거가 고안한 사고 실험이 슈뢰딩거의 고양이입니다.

특히, 이런 작은 양자계를 외부 환경으로부터 영향을 받지 않도록 격리하는 것이 보통 일이 아닙니다. 아로슈와 와인랜드가 바로 이걸 해낸 거예요. 그러니까 외부 영향을 거의 받지 않는 고립된 상태의 양자계를 구현하고, 그것이 양자 물리학이 예상하는 대로 행동함을 실제로 보여 준 겁니다.

훌륭한 실험인 것은 틀림이 없어요. 그런데 이렇게 양자계가 고립된 채로 존재하는 상태를 실제로 보여 주는 인상적인 실험을 한 과학자들이 이들뿐만이 아니거든요. 그래서 심지어 본인들도 "왜 나지?" 하고 반문을 했던 게 아닌가 싶어요. 물론 좀 있다 얘기하겠지만, 이들의 실험 결과가 요즘 각광을 받는 양자 컴퓨터와 연결되긴 합니다.

이상욱 사실 역대 노벨 물리학상을 통계적으로 분석해 보면 몇 가지 패턴이 보이잖아요. 이론과 실험을 번갈아 준다든가 또 이론 분야에서도 천체 물리학, 입자 물리학, 고체 물리학 이렇게 돌아가면서 준다든가 이런 식으로요. 그러니 2012년 노벨 물리학상을 놓고도 그런 고려가 있었지 않았나, 이런 생각을 하게 되는 거죠.

대충 이번에는 양자 물리학 특히 양자 광학 실험 분야에 노벨상이 돌아갈 차례인데, 여러 대가급 과학자 중에서 아로슈와 와인랜드가 남아 있었던 거지요. 두 사람은 나이도 1944년생 노벨상 받을 당시 예순여덟 살로 많은 편이잖아요. 더구나 방금도 언급했지만 최근에 주목을 받는 양자 컴퓨터와 연결이 되기도

하고. 그래서 두 과학자가 행운의 주인공이 된 게 아닐까요? (웃음)

신의 거울, 빛 알갱이를 가두다!

이명현　이거 처음부터 두 과학자의 노벨상 수상을 너무 폄하한 건 아닌가요? (웃음) 지금까지 얘기만 듣고선 많은 독자들이 알쏭달쏭할 것 같아요. 본격적으로 실험 얘기를 하면서 더 자세히 살펴봅시다. 그 과정에서 두 과학자가 노벨상을 받을 만한 업적을 쌓았는지 판단해 보면 어떨까요?

김상욱　먼저 아로슈의 실험부터 살펴볼게요. 빛의 알갱이, 즉 광자의 상태를 확인할 방법이 있을까요? 앞서 이야기했듯이 이것은 쉬운 일이 아닙니다. 왜냐하면, 잠시 언급했듯이 우리가 광자를 보는 순간 광자는 우리 눈에 흡수되어 없어지거든요. 그런데 바로 아로슈가 이 광자를 관찰하는 실험을 고안한 거예요.
　아이디어는 간단합니다. 거울은 빛을 반사하잖아요? 물론 일반 거울은 빛을 반사만 하는 게 아니라 상당 부분 흡수해요. 그런데 만약에 빛을 거의 흡수하지 않는 거울이 있다면 어떻게 될까요? 그리고 그런 거울이 2개가 있다면요?
　한쪽 거울에 빛을 쏜 다음에 각도를 잘 맞춰 다른 쪽에 거울을 대면 빛이 두 거울에 반사되겠죠. 그럼 빛이 두 거울 사이를 계속해서 왔다 갔다 합니다. 두 거울 사이에 빛을 가둬 둔 셈이죠. 아로슈가 바로 이걸 한 겁니다. 이 실험을 위해서 '슈퍼 미러'라고 부르는 초전도체를 이용한 거울을 만들었습니다. 이 거울은 빛을 흡수하지 않고 반사만 합니다.

이명현　신의 거울이네요. (웃음)

김상욱　맞아요. 신의 거울이죠. 이 신의 거울 2개를 각도를 잘 맞춰 놓고서 한쪽 거울에 광자를 쏴요. 그럼 이 광자가 두 거울 사이를 왔다 갔다 할 거 아니에요. 이런 방법으로 아로슈가 무려 10분의 1초 동안 광자를 가둬 두는 실험을 했어요. 빛이 1초에 30만 킬로미터를 가는 걸 염두에 두면, 이 실험이 얼마나 대단한지 감이 올 거예요.

이상욱　그러니까 빛이 두 거울 사이를 10분의 1초 동안 왔다 갔다 하면서 무려 3만 킬로미터를 움직이고 있는 거군요. 정말로 기적 같은 실험이네요.

이명현　그런데 그렇게 가둬 놓은 광자의 상태를 어떻게 관찰한 건가요?

김상욱　아로슈는 이렇게 거울 사이에 광자를 가둬 놓고 거기에 원자를 하나 쏴 준 거예요. 그런데 이 원자는 거울 사이에 갇힌 광자와 상호 작용을 합니다. 그렇게 광자와 상호 작용을 하고 나서 나온 원자는 들어가기 전의 원자와 분명히 다른 점이 있을 거예요. 이 다른 점을 파악해서 광자의 성질을 간접적으로 관찰하는 겁니다.

이상욱　무슨 얘긴지는 대충 감을 잡았을 텐데요. 그런데 이 실험이 왜 대단한가 싶을 테니 보충 설명을 해 볼게요. 책상과 같은 물체를 볼 때는 우리의 보는 행위가 아무런 영향을 주지 못해요. 우리가 슈퍼맨이나 아이언맨이 되어서 눈에서 레이저가 나오지 않는 한 책상은 우리가 보더라도 그대로 있지요.
　우리가 책상을 보고, 그 색깔이 하얀색이나 검정색이라고 아는 것도 사실은 책상에 반사된 빛, 즉 광자가 우리의 눈으로 들어오기 때문이에요. 다만 책상이 너무 크기 때문에 우리의 관찰 행위가 관찰 대상에 아무런 영향을 주지 않는 거예요. 실제로 책상의 색깔은 우리가 본 대로 하얀색이나 검정색이지요.
　그런데 크기가 아주 작은 빛 알갱이 하나, 즉 광자는 상황이 달라요. 두 거울 사이에 갇힌 광자가 지나가는 원자를 만나 커플이 되면 둘이 상호 작용을 하면서 서로의 성질이 바뀌어요. 그리고 그렇게 광자와 커플이 된 원자가 튀어나왔을 때, 그것의 바뀐 성질의 내용을 역으로 추적해 광자의 성질을 확인할 수 있는 거예요.

이명현　그런데 이 실험이 유명한 '슈뢰딩거의 고양이' 사고 실험과 연결이 된다면서요?

이상욱　네, 양자 물리학의 정통적인 해석은 이른바 '코펜하겐 해석'이라고 불리죠. 덴마크의 코펜하겐에 자리를 잡고 있었던 닐스 보어를 중심으로 독일의 물리학자 베르너 하이젠베르크 등이 가세해서 정립한 해석입니다. 그런데 이 코펜하겐 해석에 반발해 에르빈 슈뢰딩거가 한 가지 사고 실험을 고안합니다. 그게 슈뢰딩거의 고양이예요.

이명현　슈뢰딩거의 고양이를 거론하기 전에 먼저 개념 하나부터 알아야 하지 않을까요? '중첩(superposition)'이요.

김상욱　중첩 자체는 일상생활에서도 쉽게 볼 수 있어요. 목소리의 높낮이가 다른 남성 4명이 같이 노래를 부른다고 생각해 봐요. 각각의 목소리가 어울려서 하나의 화음으로 멋진 소리를 냅니다. 이렇게 소리의 파동들이 합쳐져서 또다른 파동을 낳는 현상이 바로 중첩입니다. 이 역의 과정도 가능한데, 하나의 파동을 둘 또는 몇 개로 나눌 수도 있습니다. 이 경우 파동은 동시에 여러 곳에 있다고 볼 수 있죠.

그런데 양자 물리학은 빛이 파동이면서 입자라고 말합니다. 여기서 문제가 발생합니다. 빛 알갱이, 즉 광자가 중첩 상태에 있으면 마치 두 장소에 동시에 존재하는 것처럼 행동을 합니다. 분명히 빛 알갱이는 하나인데, 그것이 A 장소에도 존재하고 B 장소에도 존재하는 게 어떻게 가능할까요? 거기에 대한 한 가지 답변이 바로 코펜하겐 해석입니다.

이상욱　코펜하겐 해석은 광자가 A 장소에도 존재하고 B 장소에도 존재하는 것처럼 보이는 현상을 이런 식으로 설명해요. "광자는 A 장소에도 있을 수 있고, B 장소에도 있을 수 있다. 하지만 우리가 그것을 확인하는 순간 그런 중첩 상태는 깨지고 광자의 위치는 A 혹은 B 하나로만 결정된다."

그러니까 이런 식인 거죠. 광자는 잠재적으로 A 장소에도 있을 수 있고 B 장소에도 있을 수 있는데 우리가 그걸 확인하는 순간에 그중 하나가 현실로 나타난다는 얘기입니다. 그리고 코펜하겐 해석은 우리가 살아가는 거시 세계가 아닌 미시 세계에서만 이런 현상이 나타난다고 주장했어요.

바로 이런 코펜하겐 해석에 슈뢰딩거가 반기를 든 거예요. 왜냐하면, 양자 물리학은 거시 세계, 미시 세계를 포괄하는 모든 세계에 대한 이론이거든요. 사실 미시 세계와 거시 세계를 구분하는 것 자체가 문제가 될 수 있어요. 양자 물리학의 특징을 보이는 광자, 전자 등과 같은 미시 세계의 작용으로 거시 세계가 이뤄진 것이니까요.

이런 점을 염두에 두고 슈뢰딩거가 내놓은 사고 실험이 슈뢰딩거의 고양이입니다. 단단히 봉해진 상자 안에 치명적인 독성을 가진 방사성 물질과 고양이를 함께 넣는 거예요. 그 방사성 물질이 고양이를 죽일 수 있는 방사선을 한 시간 안에 내뿜을 확률은 50퍼센트입니다. 만약 방사성 물질이 방사선을 내뿜으면 고양이는 죽겠고, 그렇지 않으면 살겠죠.

슈뢰딩거가 코펜하겐 해석의 난점을 꼬집은 겁니다. 코펜하겐 해석에 따르면, 누군가 확인(관찰)하기 전에 상자 안의 고양이는 산 것도 죽은 것도 아닌 두 가지 상태 모두에 해당됩니다(중첩). 그런데 생물은 죽었거나, 살았거나 둘 중 하나잖아요? 도

세르주 아로슈가 실험을 위해서 '슈퍼 미러'라고 부르는 초전도체를 이용한 거울을 만들었습니다.

대체 죽은 것도, 산 것도 아닌 상태가 뭔가요? 코펜하겐 해석은 이런 질문에 답할 수가 없어요.

실제로 상자 안의 고양이는 살았거나, 죽었거나 두 상태 중 하나라고 생각하는 게 상식적이겠죠. 그런 고양이의 운명이 상자를 여는 행위(관찰)로 바뀌는 게 아니라는 거예요. 그런데 바로 아로슈의 실험이 이 슈뢰딩거의 고양이와 유사한 상황을 보여 준 거예요. 결과적으로 코펜하겐 해석의 문제점과 슈뢰딩거가 가졌던 직관의 문제점도 보여 주고요.

강양구 아로슈의 실험이 어떻게 슈뢰딩거의 고양이와 같다는 건가요?

이상욱 방사성 물질이 내뿜는 방사선은 전자, 중성자, 광자(엑스선, 감마선) 등과 같은 미시 세계의 구성 요소로 이뤄져 있어요. 그리고 고양이는 거시 세계의 대상입니다. 슈뢰딩거의 고양이는 이 미시 세계의 구성 요소와 거시 세계의 대상이 결합되었을 때의 중첩 현상을 비유한 거지요.

아로슈의 실험으로 돌아가 볼까요? 거울 사이에 광자가 갇혀 있어요. 광자는 미시 세계의 구성 요소입니다. 그런데 이 거울 속의 광자에 원자를 쏩니다. 원자는 광자에 비해서는 훨씬 더 큰 거시 세계의 대상이라고 할 수 있어요. 그러니까 원자를 고양이에 비유할 수도 있을 거예요.

그런데 거울 사이에 가둬 둔 광자는 10분의 1초(아주 긴 시간입니다!) 동안 원자와 상호 작용을 합니다. 그리고 그 과정에서 광자와 원자가 서로 상대방에 대한 정보를 갖는 '결 맞은(coherent)' 중첩 상태가 되었다가 다시 그런 중첩 상태가 파괴되는, 즉 '결 깨지는(decoherent)' 현상까지 확인할 수 있어요. 그런데 이 과정에서 사실은 코펜하겐 해석이 말하는 외부의 관찰 행위는 전혀 없었어요.

물론 쏘기 전의 원자와 나온 후 원자의 상태를 비교해서 거울 사이에서 광자와 원자 사이에 어떤 상호 작용이 있었는지를 사후적으로 확인하긴 했습니다. 하지만 실제로 그 안에서 둘이 상호 작용하는 동안은 관찰을 비롯한 외부의 어떤 개입도 없었잖아요? 그러니까 아로슈의 실험은 슈뢰딩거의 고양이를 재현하면서 세상의 중요한 진실을 보여 준 셈이죠.

이명현　세상이 원래 그렇다! (웃음)

이상욱　맞습니다. 아로슈의 실험은 양자 물리학이 예측한 여러 현상이 관찰자의 개입에 의존하거나 혹은 미시 세계에서나 적용되는 현상이 아니라 그냥 세상이 그렇게 되어 있다는 걸 보여 준 거라고 할 수 있어요. 슈뢰딩거가 살아 있었다면, 아로슈의 실험이 자신이 고안한 슈뢰딩거의 고양이를 실제로 보여 주고, 또 자신의 오류까지 지적한 것에 환호했겠죠.

강양구　다음 얘기로 넘어가기 전에, 한 가지만 짚고 넘어가죠. 아까 거울 사이로 쏜 원자와 나온 원자의 상태를 비교해서 광자와 원자의 상호 작용을 사후적으로 추적해서 관찰한다고 얘기했잖아요. 그런데 그 관찰 결과가 양자 물리학의 이론이 예측한 광자의 진짜 성질인지는 어떻게 확신할 수 있나요?

이상욱　상당히 근본적인 질문입니다. 직접 관찰이 불가능한 미시 세계의 물리 현상이 진짜인지 어떻게 확신을 하느냐, 이런 질문과 통하잖아요. 기존에 우리가 광자에 대해서 알고 있는 게 굉장히 많아요. 광자의 성질에 대한 중요한 정보를 우리는 이미 확보하고 있거든요. 광자에 대한 그런 사전 정보를 염두에 두고 이 실험 결과를 해석할 수 있는 거예요.

김상욱　사실 많은 사람은 과학 연구 결과가 어느 한순간에 탄생하는 것처럼 생각하잖아요. 아르키메데스의 '유레카'나 뉴턴의 '사과나무' 같은 건 그 상징이고요. 그런데 사실 과학 연구는 그런 식으로 이뤄지지 않아요. 아로슈의 연구 결과도 100년에 걸친 이론과 또 지난 수십 년간 수많은 실험이 축적된 상태에서 나온 것이거든요.

그리고 이런 실험 결과를 놓고서 최소한 서너 군데에서 재확인이 되지 않으면 다음 단계로 진행이 될 수가 없어요. 논문이 《네이처》나 《사이언스》에 실렸다고 하더라도, 다른 데서 재연 실험이 이뤄지지 않아서 폐기되는 경우도 많고요.

> 얽힘 현상을 이용하면 뭔가 획기적인 통신이 가능하지 않을까요? 우선 양자 전송이 있잖아요.

이상욱 다음 얘기로 넘어가기 전에 한 가지만 더 지적할게요. 아로슈의 실험에서 확인할 수 있듯이, '양자 물리학이 미시 세계에서는 통하고 거시 세계에서는 통하지 않는다.' 이런 해석은 이제 폐기되어야 마땅한 생각입니다. 광자, 전자뿐만 아니라 원자 100개, 1,000개, 1만 개 정도 수준에서도 양자 물리학이 이론적으로 예측한 효과가 나타나니까요.

그런데 아직도 대학에서 가르치는 대부분의 물리학 교과서는 '양자 물리학은 미시 세계의 이론이고, 거시 세계의 이론에서는 통하지 않는다.' 이런 식의 서술을 고수해요. 왜냐하면 그게 가르치기 쉽거든요. 슈뢰딩거의 고양이를 보여준 아로슈의 실험 등을 염두에 두면 더 이상 이런 타협은 곤란하지 않을까요?

얽힘의 신비

이명현 이제 '얽힘(entanglement)' 현상을 알아볼까요? 이 현상은 또 다른 노벨 물리학상 수상자인 와인랜드의 실험과 직접 연결되지요? 우선 와인랜드의 실험부터 살펴봅시다.

김상욱 와인랜드는 원자 한두 개를 제어하는 실험의 선구자입니다. 사실

1997년에 스티븐 추, 윌리엄 필립스 등이 (중성) 원자 한 개를 포획한 공로로 노벨 물리학상을 받았을 때도 와인랜드가 제외된 것을 의아하게 생각한 이들이 많았어요. 그들보다 먼저 전하를 띤 원자 그러니까 이온을 포획하는 데 성공한 게 와인랜드입니다.

원자는 전기적으로 중성이기 때문에 통제하기가 어렵습니다. 그래서 원자를 먼저 전기를 띤 이온으로 만듭니다. 예를 들어서, 알루미늄 원자(Al)가 전자 3개를 잃으면 알루미늄 이온(Al^{3+})이 됩니다. 알루미늄 원자를 양전기를 띤 알루미늄 이온으로 만들면 전기장을 걸어서 이 알루미늄 이온을 잡을 수 있어요.

1989년에 볼프강 폴 등이 이렇게 '이온 덫'을 이용해 이온을 포획하는 방법을 구현해 노벨 물리학상을 받기도 했지요. 이번에 노벨상 위원회가 이온을 포획하고 제어하는 방법을 더욱더 발전시킨 와인랜드의 업적을 노벨상 수상 이유로 언급한 건 이런 사정을 염두에 둔 듯해요. 그런데 그는 여기서 멈추지 않았죠. 그는 이온 한 개를 포획해서 외부에서 빛으로 그것을 제어할 방법을 궁리했어요.

강양구 이온에 빛을 쏘아 제어한다는 게 어떤 의미인가요?

김상욱 여기서 상상력을 좀 발휘해 봅시다. 사실 우리 앞에 놓인 책상은 정지한 것처럼 보이잖아요? 그런데 사실은 이 책상도 지금 스프링처럼 미세하게 진동을 하고 있거든요. 그 진동이 너무 미세하니까 정지해 있는 것처럼 보일 뿐이죠. 이처럼 세상에 있는 모든 것은 진동을 하고 있어요. 와인랜드가 포획한 이온도 마찬가지입니다.

덫에 가둬 놓은 이온도 실제로는 진동을 하고 있어요. 진동을 양자 물리학의 시각에서 해석하면 특정한 에너지 상태거든요. 그렇다면 이 덫에는 두 가지의 에너지 상태가 공존하고 있는 셈입니다. 우선 이온 내부에서 비롯된 에너지 상태가 있겠죠. 그리고 다른 하나는 이온을 강제로 덫에 잡아 두는 외부의 힘에서 비롯된 에너지 상태가 있겠죠.

여기에다 빛을 쏴 주면 이온 내부와 외부의 두 가지 공존하는 에너지 상태를 엮을 수가 있어요. 그런데 이 덫에 이온을 하나만 넣으라는 법이 없잖아요? 또 다른 이온을 하나 더 넣으면, 이렇게 추가된 이온도 같은 식으로 내부와 외부에 공존하는 두 가지 에너지 상태를 엮을 수가 있습니다.

이렇게 같은 덫에 포획된 두 이온은 서로 '얽히게' 되요. 이 얽힘 현상은 앞으로 다시 얘기하기로 하고요. 이렇게 두 이온으로 얽힌 상태를 만들면 그걸 이용해서 양자 컴퓨터를 만들 수 있습니다. 컴퓨터는 기본적으로 0(꺼짐), 1(켜짐) 두 숫자로 이뤄진 이진법이 기본이잖아요?

그러니까 이온 하나가 갖는 두 가지 에너지 상태를 0, 1에 대비하고, 그것을 조작할 수만 있다면 이진법의 컴퓨터 언어를 구현하게 되지요. 이게 바로 양자 컴퓨터의 기본적인 아이디어입니다. 그런데 덫에 넣을 수 있는 이온의 숫자를 계속 늘린다면 어떻게 될까요? 마치 8비트, 16비트, 32비트 컴퓨터처럼 훨씬 더 복잡한 계산을 수행할 수 있지 않겠어요.

이명현 현재까지 이온 덫에 이온을 몇 개나 넣었나요?

김상욱 현재까지 14개의 이온을 덫에 가둬 놓았어요. 더 넣기는 다른 여러 가지 이유 때문에 쉽지 않다고 하는데, 앞으로 두고 봐야죠. 아무튼 이렇게 덫에 14개의 이온을 넣어 놓고서 그것을 마치 컴퓨터의 중앙 처리 장치(CPU)처럼 제어할 수 있는 실험을 바로 이 와인랜드가 수행한 거예요. 어때요? 노벨상을 받을 만한가요.

이상욱 기막힌데요. (웃음) 우리가 앞에서 괜한 소리를 한 것 같네요. 정말로 노벨상을 받을 만하네요.

김상욱 네, 더 기술적인 건 어려우니 이 정도로 하고요. 이 양자 컴퓨터를 가능하게 한 양자 물리학의 현상이 바로 아까도 잠시 언급한 '얽힘'인데요. 일단 앞에서도 덫에 이온 2개를 가둬 놓으면 그 두 개가 얽힌다고 했잖아요? 이처럼 얽힘은 입자 2개에서 나타나는 정말 당혹스러운 현상인데요.

강양구 일단 얽힘 현상이 무엇인지부터 알아보죠.

김상욱 예를 들어 볼게요. 여기 빨간 펜과 파란 펜이 있어요. 이 두 펜은 통상적으로 물리학에서 얘기하는 상호 작용, 그러니까 당기거나 밀어내는 그런 식의 관계는 전혀 없어요. 하지만 제가 이 2개를 한 상자에 넣어요. 그럼 이 상자에 든 펜 2개 사이에는 어떤 관계가 형성될까요?

내가 펜 하나를 꺼냈을 때 그게 빨간색이면 다른 하나는 반드시 파란색이어야 하는 관계가 만들어집니다. 제가 처음에 제시한 조건(한 상자 안에 빨간 펜과 파란 펜을 넣은 것) 때문에 생긴 관계예요. 만약에 내가 안대를 찬 다음에 펜 하나를 꺼내고 이 상자를 안드로메다 은하에 가져다 놓아도 이 관계는 변하지 않아요.

상자가 안드로메다 은하에 도착한 다음에 안대를 벗고 펜을 확인해 보니 빨간색이었어요. 그렇다면 이곳 지구에 있는 상자 속의 펜은 당연히 파란색이겠지요. 이런 관계를 우리는 쉽게 이해할 수 있습니다. 그런데 양자 물리학에서는 이렇게 우리가 가진 상식을 의심하는 일이 일어나는데 그게 바로 얽힘 현상입니다.

양자 물리학을 염두에 두면, 이상한 일이 생겨요. 역시 상자 안에 펜 2개가 들어 있습니다. 그런데 이 2개의 펜은 아직은 색깔이 없어요. 단, 어느 펜이나 빨간 펜이 될 수도 있고 파란 펜이 될 수도 있는 가능성만 가지고 있지요. 그런데 다른 하나가 빨간 펜이 되면 나머지 하나는 파란 펜이 되어야 하는 관계로 '얽혀' 있어요.

자, 이 펜 중 하나를 안드로메다 은하로 가지고 갔어요. 그래서 상자를 열었더니 빨간 펜이 되었습니다. 그러면 지구에 남아 있는 펜은 그 순간(!) 파란 펜이 되는 거예요. 반대로 지구에 남아 있는 펜이 빨간 펜이면 안드로메다 은하에 있는 펜은 역시 그 순간(!) 파란 펜이 되고요. 참 신기한 일이죠? 이게 바로 양자 물리학의 얽힘 현상입니다.

이명현　아인슈타인이 정말로 인정하고 싶지 않았던 현상이었죠?

김상욱　맞아요. 아인슈타인의 상대성 이론에 따르면 세상에 빛보다 빠른 물질은 없어요. 그런데 안드로메다 은하는 지구에서 빛의 속도로 가도 230만 년이나 걸리는 곳에 있거든요. 그런데 230만 광년 떨어져 있는 두 곳의 정보가 순식간에 전달되는 것 같은 현상이 나타나는 거예요. 안드로메다 은하의 펜이 빨간색이 되는 순간 지구에 있는 펜은 파란색이 되니까요.

'그럼, 빛보다 빠른 정보 전달이 가능한 숨어 있는 무엇인가가 있는 거냐?' '상대성 이론을 수정해야 하는 거냐?' 이런 식의 질문이 꼬리에 꼬리를 물고 나오는 겁니다. 사실 얽힘 현상을 제대로 설명하려면 '스핀'이라고 하는 양자 물리학의 개념을 언급하지 않을 수 없는데, 그건 독자들에게 무리겠죠?

이상욱　시도는 한 번 해 보죠. 장회익 선생님이 스핀 대신 아주 적절한 비유를 만든 게 있는데 그걸 이용해서 제가 보충 설명을 한 번 해 볼게요. 여기 금속으로 만든 단단한 공이 하나 있어요. 그런데 그 안에는 어떤 폭발 장치가 있습니다. 그 장치가 가동하면 이 공이 두 쪽으로 갈라져 서로 반대 방향으로 튀어나간다고 가정합시다.

왼쪽으로 튀어 나간 조각을 L, 오른쪽으로 튀어나간 조각을 R이라고 합시다. 이 L과 R을 놓고서 우리는 질량, 표면적 그리고 형태 세 가지를 측정할 수 있어요. 질량이 전체 질량의 반 이상의 값이면 '+', 그렇지 않으면 '-'라고 가정합시다. 마찬가지로 표면적이 전체의 반 이상이면 +, 그렇지 않으면 -라고 하죠. 형태가 볼록하면 +, 오목하면 −라고 해요.

눈치 빠른 분은 알아차리시겠지만, 아까 빨간색, 파란색 비유는 바로 이 +, −와 대응하는 거죠. 자, 이제 양자 물리학의 얽힘 현상을 염두에 두고 무슨 일이 일어나는지 살펴볼게요. L 조각은 지구에, 그리고 R 조각은 안드로메다 은하에 있다고 생각해 봐요. 먼저 지구에 있는 L 조각의 질량을 쟀더니 +로 나왔어요. 당연히 안드로메다 은하의 R 조각은 −입니다.

아인슈타인이 양자 물리학의 비판자로만 알려져 있는데, 사실은 양자 물리학의 성립에 엄청난 기여를 한 사람이에요.

그리고 지구에 있는 L 조각의 형태는 오목해서 −예요. 역시 안드로메다 은하의 R 조각은 볼록해서 +가 되겠죠. 표면적도 마찬가지고요. 여기까지는 이상하지 않아요. 그런데 양자 물리학의 세계에서는 이 지점부터 이상한 일이 발생합니다. 지구에 있는 L 조각의 질량을 다시 측정했더니 난데없이 −가 나오는 거예요. 그리고 또 측정했더니 이번에는 +가 나와요. 반반 확률로요. 형태를 측정하고 나니 질량 값이 확정적이지 않고 확률적으로 변화하게 된 거지요.

그리고 이렇게 L 조각의 질량이 +, −로 확인이 되는 순간에 230만 광년 떨어져 있는 안드로메다 은하의 R 조각의 질량 역시 −, +로 바뀌는 겁니다. 마치 두 조각이 순간 텔레파시라도 통한 것처럼. 그럼, 이제 형태를 확인해 보면 어떨까요? 그 역시 마찬가지로 반반 확률로 계속 변하는 거예요. 당연히 L 조각과 R 조각이 동시에 말이죠. 이것은 질량 측정이 형태 확률에 영향을 끼친 것으로 생각할 수 있습니다.

참으로 신기한 일이죠? 아인슈타인은 이런 상황을 도저히 받아들일 수가 없었어요. 고전적 세계에서는 측정 행위가 물리적 속성을 바꾸는 일은 발생하지 않거든요. 아인슈타인이 양자 물리학의 비판자로만 알려져 있는데, 사실은 양자 물리학의 성립에 엄청난 기여를 한 사람이에요. 그런데 아인슈타인은 마치 두 입자가 텔레파시라도 주고받는 것처럼 보이는 이런 얽힘 현상을 용인하는 양자 물리학을 불완전한 이론이라고 본 겁니다.

　그래서 그는 양자 물리학이 미처 알지 못하는 숨은 변수가 분명히 있으리라고 생각했어요. 그런데 지금의 시점에서 보면 이론적으로 또 실험적으로 아인슈타인이 불리한 것 같아요. 일단 1964년 존 벨이 '벨의 부등식'을 제안해요. 벨의 부등식은 얽힘 현상과 같은 양자 물리학의 현상을 설명하는 아인슈타인이 꿈꿨던 완벽한 이론은 불가능하다고 못 박았죠.

김상묵　1982년에 알랭 아스페 등이 12.8미터 떨어진 곳에 놓인 서로 얽혀 있는 두 빛 알갱이가 한쪽의 스핀이 +면 다른 쪽 스핀이 자동으로 -가 된다는 사실을 실험으로 확인했어요. 1997년에는 니콜라스 지생이 11킬로미터 떨어진 곳에 놓인 서로 얽혀 있는 두 빛 알갱이도 똑같이 얽힘 현상을 보인다는 걸 확인했고요.

강양구　얽힘 현상이 실제로(!) 존재한다는 걸 보여 줬군요.

이상묵　네, 그런 얽힘 현상이 어떻게 가능하냐? 이렇게 물어보면 사실은 뾰족한 대답이 없어요. 그냥 이렇게 답할 수밖에요. '원래 그렇다.' (웃음)

도청이 불가능한 궁극의 암호

이명현　이 얽힘 현상은 정말로 상상력을 자극하는군요. 얽힘 현상을 이용하면 뭔가 획기적인 통신이 가능하지 않을까요? 우선 양자 전송(quantum teleportation)이 있잖아요?

김상묵　네, 실제로 과학자들이 양자 전송 실험에 성공을 했어요. 1997년에 안

톤 차일링거가 얽힘 현상을 응용해 거리가 떨어진 한 곳에서 다른 곳으로 광자를 전송하는 데 성공했어요. 2007년에는 그 거리가 144킬로미터로 멀어졌고요. 2000년에는 「발렌도르프의 비너스」를 암호화한 사진을 보내는 데 성공하기도 했습니다.

이상욱 지금은 한 풀 꺾이긴 했지만 이 얽힘 현상을 이용해서 획기적인 암호 체계를 만들려는 시도도 있었지요.

김상욱 지금도 군에서는 관심이 많습니다. 사실 궁극의 암호 체계는 풀기 어려운 암호가 아니라 도청이 불가능한 암호잖아요. 그런데 얽힘 현상을 응용한 암호 체계는 절대로 도청이 불가능하지요. 왜냐고요? 중간에서 제3자가 암호를 가로채는 행위는 일종의 관찰(측정)이잖아요. 그런데 이렇게 관찰을 하는 순간 애초의 얽힌 관계는 깨져 버리거든요.

그러니까 얽힘 현상을 응용한 암호 체계는 몰래 도청하는 게 불가능합니다. 그러니 도청이 불가능한 궁극의 암호 체계라고 할 수 있지요. 물론 실제로 등장하려면 멀었고요. (웃음)

이상욱 혹시 이미 군에서 개발한 거 아니에요? (웃음)

김상욱 글쎄요. (웃음) 어쨌든 한국에서도 군에서는 관심이 많더군요. 이제 대화를 접기 전에, 와인랜드의 업적 하나만 더 언급할게요. 와인랜드는 굉장히 정교한 시계도 만들었어요. '과학자가 웬 시계?' 혹은 '정교한 시계를 만든 일에 왜 그리 호들갑이야.' 하고 사람들은 생각하겠지만 과학자 입장에서는 정말로 가슴이 뛰는 일입니다.

와인랜드가 만든 시계의 정확도가 10^{-17}초예요. 그러니까 0.000에서 0이 17개 나열되고 나서 1이 나오는 겁니다. 이게 뭐 그리 대단한가 싶지요? (웃음) 그

런데 이렇게 정교한 시계가 등장하면 정말
과거에는 상상도 할 수 없었던 일이 가능합
니다. 예를 들어서 지면에서 이 시계를 30센
티미터 높이로 올렸더니 무슨 일이 일어났
을까요?

이명현 상대성 이론을 증명한 거군요.

김상욱 그렇죠. 상대성 이론에서는 중력
이 셀수록 시간이 느리게 갑니다. 그런데 이
시계를 지면에서 30센티미터 올렸더니 시간이 좀 더 빨리 간 거예요. 30센티미
터의 중력 차이만큼 시계가 영향을 받은 거죠. 정확한 시계가 상대성 이론이 현
실을 정확히 반영하고 있다는 걸 단숨에 보여 준 거예요.

실제로 이런 정밀한 시계 혹은 정밀한 저울이 물리학자들이 이론적으로 예
측했던 여러 골치 아픈 문제를 해결할 수가 있어요. 그러니 좀 더 정밀한 시계나
좀 더 정밀한 저울이 등장할 때마다 과학자들의 가슴이 막 뛰는 거죠. 그것이
전혀 생각지도 못했던 방식으로 과학의 난제를 해결하니까요.

이상욱 쭉 얘기를 하고 나니까 처음의 얘기를 취소해야겠네요. 노벨상을 받
을 만한 과학자들이 받았네요. (웃음) 그나저나 우리 얘기가 독자들에게 잘 전
달이 될지가 걱정입니다.

강양구 어쨌든 최선을 다했으니까, 이 정도에서 만족하지요. 양자 물리학의
아버지라고 할 수 있는 보어가 그랬다고 하잖아요. "양자 역학을 접하고도 머리
가 어지럽지 않다면 그것은 양자 역학을 이해하지 못한 것이다!" (웃음) 어려운
내용을 여러 가지 비유를 들며 쉽게 설명하느라 고생이 많으셨습니다.

닐스 보어가 그랬죠.
"양자 역학을 접하고도
머리가 어지럽지 않다면
이해하지 못한 것이다!"

뇌의 한계를 넘어서

먼저 고백부터 해야겠습니다. 수다에서 오간 얘기를 귀를 쫑긋 세워 듣고, 또 그 얘기를 제대로 정리하고자 여러 권의 책을 읽었음에도 여전히 양자 역학을 이해하는 일은 어렵습니다. 대부분의 독자에게도 양자 역학은 생소할 거예요. 양자 역학보다 조금 앞서 등장한 상대성 이론이 교양인 사이에서는 어느 정도 '상식'이 된 상황을 염두에 두면 참으로 당혹스러운 일이죠.

사실 양자 역학은 물리학 교과서에서만 나오는, 과학자 사이에서만 중요한 이론도 아닙니다. 양자 역학이 없었다면 형광등, 텔레비전, 컴퓨터는 물론이고 우리가 손에 들고 다니는 스마트폰도 존재할 수 없었을 테니까요. 양자 역학은 현대 과학의 근간이 되는 이론일 뿐만 아니라, 이렇게 우리의 일상생활 깊숙이 들어와 숨 쉬고 있습니다.

더구나 아로슈, 와인랜드 또 많은 과학자의 실험에서 볼 수 있듯이, 양자 역학이 이론적으로 예측한 여러 현상을 우리는 실험을 통해서 확인할 수 있는 상황에 이르렀습니다. 그렇다면, 도대체 우리는 왜 양자 역학을 이해하기가 이토록 어려운 걸까요? 심지어 물리학 교과서마저도 양자 역학을 '미시 세계'에서만 통하는 이론으로 제한시켜 놓은 까닭은 무엇일까요?

수많은 과학과 철학 논쟁을 야기한 이 질문의 답을 말하는 것은 불가능합니다. 다만, 아인슈타인이 느꼈던 당혹감을 한 번 더 언급해야겠습니다. 똑같은 빛 알갱이가 두 장소에 동시에 존재하는 현상(중첩)이나 수백만 광년 떨어진 곳에 놓인 두 물질이 서로 짝지어 동시에 영향을 주는 현상(얽힘)을 보면서 할 수 있는 말이 고작 '원래 그렇다.'라면 얼마나 답답할까요?

우주와 같은 거시 세계든 광자나 전자와 같은 미시 세계든 세상 만물의 상호 작용을 동시에 설명할 수 있는 '만물 이론'을 꿈꾸는 과학자라면 이런 답답함은 정말로 해소되어야 마땅한 것입니다. 그러니 양자 역학을 불완전한 이론으로 여기며 그것을 극복하려는 시도는 앞으로도 계속될 것입니다.

그런데 이런 시도가 과연 성공할지는 미지수입니다. 여기서 조상 탓을 해야겠군요. 누구나 동의할 수 있듯이, 인간의 뇌는 양자 역학을 제대로 이해하고자 이 모양으로 만들어진 게 아닙니다. 인간의 뇌가 진화해 온 오랜 시간 동안 그것의 용도는 포식자를 피해서 먹고 싸고 자고 또 매력적인 이성을 만나서 번식을 하는 것이었죠.

이런 인간의 뇌를 가지고 머리카락의 수십만분의 1보다 작은 세계가 어떻게 움직이는지를 직관적으로 이해하는 일은 거의 불가능에 가깝겠죠. 인류 전체의 수에 비하면 극소수에 불과한 소수의 물리학자들이 이런 불가능한 일을 시도하면서 지극히 추상적인 수식을 동원할 수밖에 없는 것도 이 때문일 테고요.

인간이 진화의 새로운 도약을 통해서 정말로 신경망이 물리적으로 '재배선'되어야 비로소 양자 역학을 제대로 이해할 수 있을지 모릅니다. 다만, 이렇게 우리의 직관에 어긋나는 양자 역학을 처음으로 만들어 낸 이야기에는 한번 관심을 가져 볼 필요가 있겠습니다. 말 그대로 아무것도 없는 상황에서 양자 역학을 만들어 낸 이들의 고군분투는 충분히 감동적이니까요.

'양자' 개념을 처음으로 제안한 막스 플랑크의 삶을 다룬 독일의 과학 저술가 에른스트 페터 피셔의 『막스 플랑크 평전』(이미선 옮김, 김영사, 2010년),

베르너 하이젠베르크의 자서전 『부분과 전체』(김용준 옮김, 지식산업사, 2005년), 양자 역학의 가장 중요한 방정식을 만든 슈뢰딩거의 전기 『슈뢰딩거의 삶』(월터 무어 지음, 전대호 옮김, 사이언스북스, 1997년) 등을 권하는 이유도 이 때문입니다.

아! 그러고 보니, 이들은 어떻게 진화가 허락한 뇌의 한계를 극복할 수 있었을까요? 새로운 질문은 이렇게 꼬리에 꼬리를 뭅니다.

'황우석의 덫'에서 탈출하라

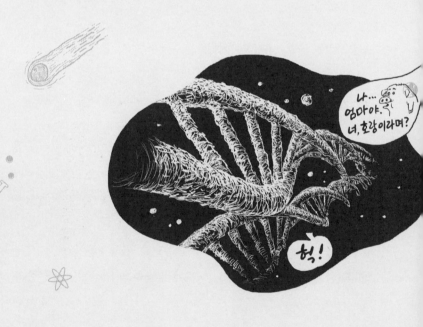

나... 엄마야. 너, 호랑이라며?

헉!

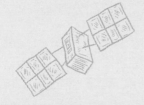

류영준
강원 대학교
의학 전문 대학원
교수

김병수
성공회 대학교
열림 교양 대학 교수

이명현
과학 저술가 /
천문학자

강양구
《코메디닷컴》
콘텐츠 본부장

"그 후 8년, 그래도 줄기세포는 있다."

2013년 7월 6일 이런 비장한 제목의 탐사(?) 보도 프로그램이 공영 방송의 공중파를 탔습니다. 같은 해 5월 미국 오리건 보건 과학 대학의 슈크라트 미탈리포프 교수가 세계 최초로 인간 복제 배아 줄기세포를 만들어 낸 사실이 알려지자 한국 언론에서는 부쩍 이런 식의 보도가 늘었습니다.

조작 논문, 난자 매매 등 추문으로 얼룩진 '황우석 트라우마' 때문에 세계 최고 수준이었던 한국의 줄기세포 연구가 발이 묶인 틈에, 후발 주자였던 미국의 과학자가 추월했다는 거죠. 여기에 황우석 사태 이후 "신선한 난자"를 공급받을 수 없게 된 한국 줄기세포 연구자의 푸념도 뒤따릅니다.

그러고 보니, 이런 논조의 기사는 2012년 노벨 생리 의학상 수상자로 일본의 줄기세포 연구자 야마나카 신야 교토 대학교 교수가 결정되었을 때도 있었습니다. 한국의 줄기세포 연구가 발목이 잡힌 사이에 일본은 저만치

앞서갔다는 지적이었죠. 야마나카 교수의 업적이 복제 배아 줄기세포와는 전혀 다른 역분화 줄기세포라는 사실은 묻혔죠.

이런 상황에서 잊을 만하면 언론에 모습을 나타내는 황우석 박사도 다시 등장했습니다. 이번에는 한참 전에 멸종한 매머드입니다. 황 박사는 이 멸종 동물 매머드를 복제할 예정이라고 합니다. 백두산 호랑이부터 시작한 그의 멸종 동물 사랑이 이젠 매머드에 미친 것입니다. 과연 그의 매머드 복제는 성공할까요?

2014년 2월 27일, 대법원은 8년을 끌어온 황우석 박사를 둘러싼 각종 재판에 최종 판결을 내렸습니다. 논문 조작이 밝혀지면서 과학자로서의 경력에 치명타를 입었음에도, 황 박사나 그에게 기대를 품는 사람들은 대법원의 판결에 기대를 걸었죠. 하지만 이 대법원마저도 황 박사에게 '면죄부'를 주지는 않았습니다. 하지만 여전히 그는 많은 사람에게 '영웅'입니다.

이런 상황에서 우리는 이제 좀 더 근본적인 질문을 던져야 하지 않을까요? 우리나라 줄기세포 연구가 언론 보도처럼 세계 최고였던 적이 있었을까요? 혹시 우리는 조작 논문과 과감한 언론 플레이로 한 시대를 풍미한 한 과학자가 설치한 이른바 '황우석의 덫'에 여전히 갇혀 있는 게 아닐까요?

마침 2014년 1월 30일, 《네이처》에 한 한국 과학자의 인터뷰가 실렸습니다. 이른바 '황우석 사태' 당시 "최초 제보자" '닥터 K'로 알려진 류영준 강원 대학교 교수가 그 주인공이었죠. 황우석 박사의 2004년, 2005년 《사이언스》 논문 조작 사실이 밝혀지고 나서, 그가 8년 만에 처음으로 언론에 등장한 것이죠.

하지만 그는 이미 《네이처》에 인터뷰가 실리기 4개월 전, 실명을 밝히진 못했지만 과학 수다를 통해 세상에 자신의 목소리를 냈습니다. 황우석 사태 당시 「PD수첩」을 묵묵히 지원한 과학 사회학자 김병수 시민 과학 센터 부소장과 함께 여전히 한국 과학계를 옥죄고 있는 '황우석의 덫'을 고발한 것이죠. 이 책에서 닥터 K는 비로소 실명을 회복했습니다. 그들의 생생한 목소리에 귀를 기울여 봅시다.

세계 최초의 배아 줄기세포

이명현　이번 과학 수다 주제는 '줄기세포'죠?

강양구　먼저 이 시점에 줄기세포 얘기를 꺼낸 이유부터 말하죠. 2012년에 줄기세포 연구를 주도했던 과학자들이 노벨 생리 의학상을 받고 나서부터 한 번쯤 줄기세포를 주제로 과학 수다를 해 보려고 궁리를 했었어요. 그런데 섭외를 한 과학자들이 너도나도 손사래를 치는 거예요.

바쁘다는 핑계가 대부분이었지만, 솔직히 부담스러워한다는 인상을 강하게 받았습니다. 그렇게 시간이 가다가 2013년 5월에 미국에서 인간 복제 배아 줄기세포를 세계 최초로 만들어 냈죠. 그런데 그 뉴스가 한국 사회에서 소비되는 방식이 또 우스꽝스러운 거예요. 마치 애초 우리 몫의 업적이었는데 미국에 빼앗겼다는 식의 보도가 많았죠.

이런 모습을 보면서 여전히 한국의 줄기세포 연구는 '황우석의 덫'에서 헤어 나오지 못했구나, 이런 생각을 했습니다. 2005~2006년 이른바 '황우석 사태'가 한창일 때, 적지 않은 역할을 했던 저로서는 책임감도 느껴졌고요. 그래서 이번 '과학 수다'에서는 당시 중요한 역할을 했던 두 분을 모시고 줄기세포 얘기를 해 보고자 합니다.

이명현　우선 두 분 소개가 필요하겠죠. 일단 '닥터 K'로 알려진 류영준 교수님부터 소개하죠.

배아 줄기세포 연구에 뛰어든 곳이 모두 불임 치료 병원이라는 데 주목해야 합니다.

강양구　류영준 교수님은 애초 황우석 박사와 공동으로 줄기세포 연구를 진행하다 나중에는 황 박사의 생명 윤리(난자 매매), 연구 윤리(논문 조작) 등의 문제를 제기한 분이죠. 이 분의 제보와 도움이 없었다면 「PD수첩」 팀이 황 박사의 여러 문제를 파헤치지 못했을 거예요. 물론 저로서는 그때 왜 《프레시안》이 아닌 「PD수첩」을 찾아갔는지 불만이 있습니다만. (웃음)

이명현　그 일은 두 분이서 해결하시고요. (웃음) 스승의 치부를 드러내는 게 쉽지 않았을 텐데, 마음고생 몸 고생이 많았죠?

류영준　황우석 사태 이후에 이렇게 공개석상에서 얘기를 하려니까 감회가 새롭습니다. 그 일이 있고 나서 고생을 많이 하다 지금은 국립대인 강원 대학교 의과 대학 교수로 일하고 있어요. 이렇게 학계에 정착하기가 어려웠습니다. 한국 사회에서 저 같은 사람은 '조직의 배신자'라고 색안경을 끼고 보기 십상이고, 특히 의학계는 굉장히 폐쇄적인 조직이니까요.

　다른 한편으로 생각해 보면, 한국 사회가 (우여곡절은 있었지만) 분명히 나은 쪽으로 변화하고 있다는 인상을 받습니다. 앞으로 저처럼 가시밭길을 걷게 될 분들이 분명히 있을 텐데, 그 분들에게 제가 역할 모델이 될 수 있도록 열심히 해 볼 생각입니다. 그간 알게 모르게 여러 가지로 도와주신 분들에게 이 자리를 빌려 감사 인사를 드리고 싶네요.

이명현　김병수 선생님도 소개를 해 주시죠.

강양구　김병수 선생님은 생명 과학을 공부하고 황우석 사태의 사회적 의미를 다룬 여러 편의 논문을 썼습니다. 널리 알려지진 않았지만, 류영준 교수님이 닥터 K로서 가장 먼저 찾아가서 황우석 박사의 여러 문제를 털어놓았던 분이기도 합니다. 황우석 사태 내내 「PD수첩」 팀과 함께 닥터 K를 지원하는 역할을 했고요.

김병수　그때는 지금의 시민 과학 센터가 참여 연대 산하에 있었어요. 당시 시민 과학 센터는 국내 생명 공학 감시 운동을 이끄는 상황이었죠. 그때(2004년) 류영준 교수님이 저를 찾아와서 황 박사의 여러 문제를 어떻게 해결해야 할지 상담을 해 왔었죠. 황 박사가 《사이언스》에 첫 논문을 게재하고 위세가 하늘을 찌르던 상황이어서 막막했던 기억이 나네요. (웃음)

강양구　저도 따져 보면 시민 과학 센터 출신이거든요. 서운한 건 그 난리통에도 김병수 박사가 저를 포함한 대다수 지인들에게 그런 제보 사실을 비밀에 붙인 거예요. 나중에, 그러니까 2005년 12월 말이 되어서 사건의 전모가 어느 정도 밝혀지고 나서야, 김 박사가 처음부터 제보를 받았단 사실을 알았습니다. 그때의 배신감은 얼마나 컸던지……. (웃음)

김병수　그 일만 생각하면 지금도 강 기자에게 미안하죠.

이명현　네, 그 일도 두 분이서 해결하시고요. (웃음) 이제 본격적으로 얘기를 시작해 보죠. 단순한 질문을 하나 던지죠. 도대체 줄기세포가 뭔가요?

김병수　인체를 비롯한 생명의 기본 단위는 '세포'입니다. 우리 몸속에 들어 있는 대부분의 세포의 핵은 유전자가 담긴 염색체 한 쌍을 가지고 있어요. 그런 세포를 '체세포'라고 하죠. 단, 정자와 난자 같은 '생식 세포'는 염색체를 절반씩 가지고 있죠. 그런 정자와 난자가 만나서 새로운 한 쌍의 염색체를 만드는 과정이 바로 수정입니다.

그런데 그렇게 정자와 난자가 만나서 만들어진 수정란이 또 다른 새로운 개체로 성장할 준비가 되어 있는 단계가 '배아'예요. 우리말로는 '아기씨'라고 말하기도 하는데 더 와 닿나요? 이 배아가 엄마 자궁에서 세포 분열을 해서 아기가 되는 거죠. 이 배아를 인간으로 볼지 말지도 골치 아픈 윤리 문제 중 하나입니다.

강양구 그 배아가 분화하는 초기 과정에서 만들어지는 게 줄기세포죠?

류영준 그렇죠. 배아는 1개 → 2개 → 4개…… 이렇게 나뉘면서 분열을 합니다. 그러다 세포가 200개 정도로 나뉘는 단계가 되면(배반포기) 배아는 우리 몸의 여러 부분으로 발달할 준비를 끝내게 되죠. 이 상태의 세포는 이론적으로는 뼈, 혈액, 장기 등 우리 몸 대부분의 구성 요소로도 발달할 수 있어야 합니다. 바로 이런 세포를 줄기세포라고 부르고, 배아에서 추출하였다고 특별히 배아 줄기세포라고 하는 것입니다.

강양구 배아 줄기세포 얘기가 나왔으니, 자연스럽게 2012년 5월, 미국에서 세계 최초로 인간 복제 배아에서 줄기세포를 뽑아낸 일부터 얘기해 보죠. 애초 황우석 박사가 2004년, 2005년《사이언스》에 기고했던 논문의 핵심이 바로 인간 복제 배아 줄기세포였죠. 그 논문은 모두 조작으로 확인돼 취소되었지만요.

류영준 미국 오리건 보건 과학 대학의 슈크라트 미탈리포프 박사가 인간 복

제 배아에서 줄기세포를 추출하는 데 성공
했습니다. 줄기세포 연구자에게 미탈리포프
박사는 갑자기 등장한 사람이 아니에요. 꾸
준히 그 분야에서 연구 성과를 축적해 온 과
학자고요. 오리건 보건 과학 대학도 유명한
영장류 연구 센터를 가지고 있는 줄기세포
연구에 강한 곳이죠.

> 황우석 사태를 겪고
> 나서 배아 연구 규제가
> 강화되어야 할 것 같은데
> 우리나라는 오히려
> 느슨해졌죠.

그곳 영장류 연구 센터에서 미탈리포프
박사가 수년 동안 고생을 하면서 원숭이 배
아 복제 연구를 해 왔고, 여러 가지 성과를
냈어요. 그래서 전문가들은 그가 다음 연구
단계로 인간 복제 배아 연구를 하리라고 생각했었죠. 예상처럼 이번에 그가 인
간 복제 배아 줄기세포를 추출하는 데 성공했다는 소식이 들려온 것이죠.

강양구   이번에 미탈리포프 박사가 인간 복제 배아에서 줄기세포를 수립한 건
단순히 운이 좋았던 게 아니군요.

이명현   여기서 복제 배아가 무엇인지 한 번 짚죠.

김병수   아까 정자와 난자가 만나서 전에 없었던 새로운 염색체 한 쌍을 가진
배아가 만들어지는 과정을 얘기했었죠? 그런데 이런 상황은 어떨까요? 난자에
서 핵을 제거하고 그곳에다가 이미 염색체 한 쌍을 가지고 있는 체세포의 핵을
이식하면 어떻게 될까요? 정자와 난자가 수정하지 않았는데도, 염색체 한 쌍을
가지고 있는 배아가 만들어질 수 있겠죠.

바로 이런 과정(체세포 핵 이식)을 통해서 만들어진 배아를 복제 배아라고 합
니다. 이 복제 배아는 유전자의 구성이 원본과 똑같죠. 이 복제 배아를 자궁에

착상시켜 그대로 키우면 이론적으로는 원본과 똑같은 개체를 탄생시킬 수 있습니다. 바로 복제 인간이죠.

류영준　네, 방금 체세포 핵 이식 얘기가 나왔으니 거기서부터 얘기를 다시 해 보죠. 복제 배아를 만드는 첫 단계는 난자에서 기존의 핵을 제거하는 거예요. 그런데 이 단계에서 크게 두 가지 기술이 대립 중이죠. 하나는 1996년 복제 양 돌리를 탄생시킨 이언 윌머트 박사부터 미탈리포프 박사까지 사용한 방식입니다.

이들은 난자에 아주 가는 빨대(피펫)를 넣어서 핵을 빨아내는 방법을 선호합니다. 반면에 황우석 박사는 이 방법 대신에 난자를 눌러서 핵을 짜내는 방법을 사용했죠. 바로 여기서 그 유명한 '젓가락 신공' 얘기가 나왔죠. 한국인은 젓가락을 사용해서 줄기세포 연구에 유리하다고 가져다 붙였지요.

강양구　그럼, 이번에 미탈리포프 박사가 성공한 건 둘 중에 전자가 더 나은 방법이라는 걸 보인 거네요.

류영준　저는 그 부분이 기술적으로 아주 중요하다고 생각합니다. 핵심은 이거죠. 미탈리포프 박사의 방법은 황우석 박사의 짜내는 방법에 비해서 난자의 손상이 적습니다. 즉 복제 배아 줄기세포를 추출하는 게 가능하려면 난자의 손상을 최소화하는 게 필수적이라는 사실을 이번에 미탈리포프 박사가 보여 준 거예요. 저는 이 부분이 그의 첫 번째 성공 요인이라고 판단하고 있습니다.

김병수　논문을 읽어 보니, 세포 배양을 할 때 카페인 성분을 넣었더군요.

류영준　그게 두 번째 성공 요인인 것 같아요. 우리한테 카페인은 각성제잖아요. 그런데 그게 세포의 상태를 안정적으로 만드는 데 도움을 준다는 보고가 있습니다. 이것을 인간 복제 배아에 사용한 것은 미탈리포프 박사의 온전한 기여죠. 수차례의 시행착오 끝에 세포를 가장 안정적인 상태로 만드는 환경을 만들어서 결국 줄기세포를 추출하는 데 성공한 거니까요.

강양구 미탈리포프 박사의 논문이 《셀》에 실리고 나서, 사진 조작 얘기가 나왔었죠. 그래서 잠시 진위 여부가 논란이 되었습니다.

류영준 그 부분은 어느 정도 정리가 된 걸로 봐도 될 것 같습니다. 미탈리포프 박사를 두둔하는 것처럼 들리겠지만, 인간 난자를 실험하면서 사진까지 잘 찍는 게 정말로 어려워요. 왜냐하면, 사진을 찍으려면 난자를 자외선에 오랜 시간 노출을 시켜야 하고 외부에 나와 있는 시간이 길어지는데, 그 과정에서 세포에 미세한 손상이나 안 좋은 영향이 미치거든요. 그래서 줄기세포를 연구하는 과정에서 사진을 얻기가 실제로 어렵습니다.

짐작해 보자면, (있어선 안 될 일이지만) 몇 장 안 되는 사진으로 논문의 구색을 맞추다 보니 생긴 해프닝일 수 있어요. 황 박사의 논문 조작이 밝혀질 때, 중복 사진이 문제가 되었잖아요? 그게 대중의 뇌리에 워낙 강하게 각인되어 있다 보니, 이번에 일부 기자들이 너무 많이 나간 것 같아요. 제가 파악한 바에 따르면, 논문의 사진은 중복이 되었지만 미탈리포프 박사가 만든 줄기세포는 실재한다고 가닥이 잡히고 있는 것으로 보입니다.

강양구 따져 보면, 황 박사의 《사이언스》 논문의 경우에도 사진 조작은 결정적인 부분은 아니었어요. 그때도 황 박사 측에서는 '실수'라고 얘기했고, 또 국내 언론의 대다수가 그런 해명을 곧이곧대로 믿고서 썼으니까요. 오히려 결정적인 부분은 줄기세포가 진짜 '복제' 배아에서 나온 것인지를 증명하는 DNA 지문 분석을 조작한 부분이었죠.

그런데 미탈리포프 박사는 연구에 필요한 난자를 구매한 것 같더군요.

류영준　논문에는 기증(donation)이라고 표현되긴 했습니다만, 미국에서는 실험에 필요한 난자의 구매가 합법적으로 가능하죠. (웃음)

김병수　미국 같은 경우에는 부시 행정부가 인간 배아를 이용한 이런 연구를 연방 정부 기금으로는 할 수 없도록 금지를 시켰어요. 그래서 미탈리포프 박사가 어떤 식으로 했냐면, 실험실을 두 군데 운영했어요. 한곳에서는 연방 정부 기금을 받을 수 있는 연구를 진행하고, 다른 곳에서는 자체적으로 연구비를 마련해서 인간 배아 연구를 했더군요.

　그 과정에서 난자도 구매한 모양입니다. 《네이처》의 기사에 따르면, 3,000~7,000달러를 줬더군요. 광고를 해서 난자를 팔 여성을 모집한 거죠. 우리나라 돈으로 350만~800만 원 정도 되니 적지 않은 돈이죠. 그러니 미탈리포프 박사도 난자를 얻는 과정만 놓고 보면 논란을 피해 갈 수 없습니다.

강양구　그런데 연구에 쓰인 난자의 숫자가 언론 보도마다 달라요. 난자 숫자는 사실 아주 중요한 부분이잖아요. 왜냐하면, 얼마나 많은 난자를 사용해서 줄기세포를 뽑아냈는지가(효율) 복제 배아 줄기세포가 현실적으로 쓸모가 있는지를 결정하니까요. 황 박사처럼 2,200개를 사용하고도 줄기세포를 얻어 내지 못하면 그건 꽝이죠.

류영준　그러니까 여기 강 기자도 있지만, 기자들이 공부를 좀 해야 해요. (웃음) 한곳에서 틀린 뉴스를 쓰면, 다른 곳에서 교정이 되어야 하는데 똑같이 받아쓰니……. 9명의 여성이 난자를 제공했잖아요? 그런데 그 난자를 다 쓸 수 있는 게 아닙니다. 일단 난자의 상태가 체세포 핵 이식을 하기에 좋지 않은 것도 있고, 성숙이 되지 않아 탈핵 자체가 불가능한 경우도 있어요.

　미탈리포프 박사가 이 대목에서 머리를 썼더라고요. 황우석 박사의 경우에는 《사이언스》 논문을 투고할 때, (물론 나중에는 다 거짓으로 밝혀졌지만) 최초로 기증받은 난자(N) 중에서 줄기세포를 수립한 숫자(n)를 따져서 효율(n/N)을 계산했어요. 당연히 효율이 낮을 수밖에 없었죠.

그런데 미탈리포프 박사는 기증받은 난자 중에서 체세포 핵 이식을 한 다음에 배반포기(약 200개의 세포로 분열된 상태)까지 간 것을 기준으로 삼아 효율이 높은 것처럼 논문에 기술했어요. 다시 말해, 배반포기까지 가지 못한 것은 계산을 하지 않고 간 것만 계산에 넣어 효율이 높은 것처럼 포장을 한 것이지요. 이런 배반포기 복제 배아 중에서 몇 개의 줄기세포를 얻었는지를 따져서 효율을 계산했더군요.

강양구　효율이 50퍼센트나 된다더니, 그런 꼼수를 썼군요. (웃음)

류영준　맞습니다. 분모가 달라지면서 효율이 상당히 높은 것처럼 느껴지게 논문을 쓴 거죠. 제가 계산을 해 봤더니 실제로는 23~31세 여성 9명이 기증한 냉동하지 않은 난자 126개를 이용해서 4개의 배아 줄기세포를 만들어 냈더군요. 126분의 4니까, 효율을 따져 보면 3퍼센트 정도죠. 50퍼센트와 3퍼센트, 차이가 굉장히 크죠. (웃음)

신선한 난자

이명현　그런데 미탈리포프 박사의 성과를 보도하는 국내 언론의 반응이 심상치 않았죠. 당시《조선일보》기사의 제목이 "'황우석 트라우마'에 갇혀 …… 복제 배아 줄기세포 손 놓은 한국"이었죠. 실제로 황우석 사태 이후에 우리나라 복제 배아 연구 규제가 엄격해졌나요? 배아 줄기세포 연구를 못할 정도로요.

김병수　사실과 다른 주장입니다. 우리나라는 여전히 전 세계적으로 줄기세포 연구에 대한 규제가 느슨한 나라 중 하나입니다. 아까 미국도 연방 정부 기금으로 인간 배아 연구를 하는 건 금지하고 있다고 얘기했었죠. 그런데 우리나라는 일단 공식적으로는 복제 배아, 잔여 배아 등 모든 배아 연구를 허용하고 있어요.

게다가 황우석 사태를 겪고 나서 규제가 강화되기는커녕 오히려 약화됐죠.

이명현   정말이요?

류영준   그 대목은 줄기세포에 대한 한국적 정서를 단적으로 볼 수 있는 부분이죠. 상식적으로 보면, 황우석 사태 같은 일을 겪고 나서 배아 연구 규제가 강화되어야 할 것 같은데 우리나라는 오히려 느슨해졌으니까요.

김병수   그러니까, 아직 황우석 사태가 제대로 정리되지 않은 2006년 봄에 줄기세포 육성 계획을 정부가 내놓아요. 그러면서 법으로 실비 보상을 하고 난자를 구할 수 있는 길을 열어 주었어요. 그 전까지는 난자 기증에 관한 구체적인 지침이 없었거든요.

불임 치료로 유명한 차병원은 대표적인 예죠. 2009년에 국가 생명 윤리 위원회에서 차병원에 복제 배아를 만들 수 있도록 허용합니다. 처음에 차병원이 신청한 난자가 1,500개예요. 너무 많다 싶었는지 국가 생명 윤리 심의 위원회에서 800개를 허용해 줬어요. 냉동 보관 난자 500개, 체외 수정 후 잔여 배아 200개, 비정상 난자 100개……. 그런데 실패했죠.

황우석 박사가 2,200개, 차병원이 800개.

매머드의 핵을
아시아코끼리의 난자에
집어넣겠다는 건데, 이건
이종 교배 아닌가요?

난자를 3,000개 정도나 쓰면서 인간 복제 배아 줄기세포 연구를 할 수 있었던 나라는 전 세계에서 우리나라뿐이거든요. 그런데 이제 와서 미국의 경쟁자가 성공하니까 차병원의 한 인사가 그랬더군요. "우리는 신선한 난자가 없어서 성공을 못했다." 이건 너무 속 보이는 거죠.

류영준　저는 이 대목에서 생각이 좀 달라요. (웃음) 차병원의 "신선한 난자" 타령이 이해가 가기 때문이죠. 미탈리포프 박사가 이번에 확인시켜 준 또 다른 진실은 신선한 난자가 인간 복제 배아 줄기세포 성공의 핵심 전제라는 거예요. 미탈리포프도 신선한 난자가 없었으면 아마 복제 배아 줄기세포를 얻는 데 실패했을 겁니다.

강양구　자꾸 신선한 난자를 언급해서 독자 중에는 불편한 이들도 있을 텐데요. (웃음) 도대체 신선한 난자의 기준이 뭡니까?

류영준　거북해도 어쩔 수 없어요. 현실이 이러니까요. 신선한 난자는 젊은 여성에게서 이제 막 채취한 난자죠. 아까 사진 얘기를 하면서도 잠시 언급을 했지만, 난자는 조금만 외부 환경에 노출되어도 바로 조직이 망가지기 시작합니다. 그러니 해 본 사람은 아는 거예요. 냉동 난자로는 안 된다는 걸.

차병원이 "신선한 난자" 타령을 한 것도, 미탈리포프 박사가 돈 주고 난자를 구매한 것도 바로 이 때문입니다.

강양구　여기서 난자 문제를 한 번 짚고 넘어가죠.

김병수　저는 치료를 위한 배아 복제 줄기세포 연구에 회의적인 입장입니다. 왜냐하면, 아무리 효율을 높이더라도 결국은 난자가 필요하거든요. 방금 류영준 교수님도 언급했지만 신선한 난자가 복제 배아 줄기세포의 전제 조건이라면서요. 그러니까 젊은 여성에게서 바로 기증받은 그런 난자 말이죠.

황우석 박사나 미탈리포프 박사가 그랬듯이 이런 난자를 구하려면 젊은 여성에게 과배란제를 투여해서 난자를 채취할 수밖에 없어요. 그 과정에서 돈이 오가면 그건 아무리 좋게 포장해도 난자 매매죠. 돈 주고 자기 난자를 파는 사람이 누구겠어요? 미탈리포프 박사가 여성에게 준 350~800만 원은 적은 돈이 아니죠. 경제적으로 어려운 젊은 여성이 타깃이 되는 겁니다.

자국에서 신선한 난자를 구하는 게 어려워지면 제3세계 여성이 그 타깃이 되겠죠. 실제로 유럽의 루마니아가 난자 매매의 천국이었어요. 서유럽에서는 난자 매매가 불법이니까 루마니아의 20대 여성들이 생계형 난자 매매에 나서서 생긴 일이죠. 결국 유엔에서 권고안을 낼 지경까지 이르렀습니다.

류영준 애초 그 분야의 연구를 해서 그런지 인간 복제 배아 줄기세포 연구를 원천적으로 막을 이유는 없다고 봅니다. 하지만 김병수 박사가 지적한 대로 난자를 어디서 구할 수 있을지 막막한 건 사실이에요. 난자 매매를 금지시켜도 신선한 난자를 구하러 외국으로 갈 테고, 그럼 또 루마니아와 같은 문제가 생기겠죠.

김병수 그러니까 복제 배아 줄기세포는 현실적으로 지속 가능성이 없어요.

강양구 그래서 난자나 인간 배아를 파괴하지 않는 이른바 역분화 줄기세포 (Induced Pluripotent Stem Cell, iPSC)가 나왔잖아요. 야마나카 신야 일본 교토 대학교 교수가 역분화 줄기세포로 작년에 노벨상을 받았죠. 여기서 역분화 줄기세포 얘기로 넘어가기 전에 한국 줄기세포 연구의 수준을 짚어 보면 어떨까요?

류영준 배아 줄기세포에 초점을 맞춰서 그림을 한 번 그려 볼게요. 최초로 인간 배아 줄기세포를 뽑아낸 과학자는 미국 위스콘신 대학교의 교수인 제임스 톰슨입니다. 1998년 11월《사이언스》에 이런 연구 결과를 발표하면서 톰슨은 "나는 내 삶이 끝나기 전에 이 치료법으로 질병이 치료되는 광경을 보게 될 것이라고 진심으로 믿는다."라며 배아 줄기세포 시대의 개막을 선언했죠.

그때까지만 하더라도 한국에서 인간 배아 줄기세포를 연구하는 과학자는 아무도 없었어요. 서울 대학교 의과 대학의 문신용 교수와 당시 마리아 의료 재단 생명 공학 연구소의 박세필 박사(제주 대학교 교수)가 관심을 가지는 정도였죠. 그러다 2000년대가 되면 인간 배아 줄기세포를 뽑아내는 노하우가 전 세계 곳곳으로 확산됩니다. 여기저기 실험실에서 후속 연구 결과가 나오던 때였죠.

그 즈음에 문신용 교수가 선도하면서 차병원이나 마리아 의료 재단 생명 공학 연구소 박세필 박사 등이 본격적으로 배아 줄기세포 연구에 뛰어들었죠. 실제로 박세필 박사가 한국에서 처음으로 인간 배아 줄기세포 수립에 성공합니다. 이건 여담이지만, 그때도 황우석 박사는 배아 줄기세포 연구를 본격적으로 하기 전이에요. 오히려 황 박사가 이 판에서는 후발 주자였던 셈이죠.

김병수 그렇게 배아 줄기세포 연구에 뛰어든 곳이 모두 불임 치료 병원이라는 데 주목해야죠. 불임 치료 병원이 수십 년에 걸쳐 성장하는 동안 난자 수급 등 시술에 대한 구속력 있는 규제가 전혀 없었어요. 그러니까, 배아 줄기세포 연구라는 최신의 흐름을 좇기에 최적의 환경이었던 셈이죠. 눈치 보지 않고 실험 재료로 쓸 수 있는 풍부한 난자를 가지고 있었으니까요.

류영준 초반에 우여곡절이 많았지만 이 와중에 우리나라가 배아 줄기세포 연구의 선두 그룹에 들어갔어요. 문신용 교수, 박세필 교수, 차병원 등이 배아 줄기세포 연구에 유리한 한국의 상황을 디딤돌로 삼아 바짝 선두 그룹을 좇아간 거예요. 돌이켜 보면, 바로 이때가 한국 배아 줄기세포 연구가 전 세계적으로 선두 그룹을 한창 좇아갈 때였어요. 한 5위권 정도나 될까요?

강양구　성체 줄기세포 연구의 상황은 어땠나요?

류영준　성체 줄기세포 연구는 백혈병 치료에 강한 병원을 중심으로 진행되었죠. 즉 골수 이식에 사용하는 조혈 모세포가 이후 줄기세포로 이어진 것이지요. 처음 시작부터 초점 자체가 '연구'보다는 '치료'에 맞춰져 있다 보니, 임상에서 연구로 전환한 것도 우리가 아닌 외국이었죠. 외국에서 성과가 나오면 그걸 확인하거나 응용하는 수준에서 머물렀죠. 그래서 성체 줄기세포 연구는, 가톨릭 대학교를 중심으로 인프라를 만들어 선두권을 쫓아가고 있지만 여전히 우리나라가 열세죠.

　반면에 배아 줄기세포 연구는 나온 지 얼마 되지 않은 새로운 분야였고, 세계적으로 큰 불임 치료 병원이 우리나라에 많아 처음부터 공격적으로 연구했죠. 그래서 선두 그룹에 들어갈 수 있었던 겁니다. 하지만 그때도 세계 최고 수준은 아니었어요. 반복하지만 선두권 정도였죠. 그런데 황우석 박사가 착각을 불러일으킨 거죠. 우리나라의 배아 줄기세포 연구가 최고 수준인 적은 한 번도 없었는데 마치 최고였던 것처럼 말이죠.

강양구　그러니까 앞서 이명현 선생님이 인용한《조선일보》기사 같은 경우는 애초에 허구에 근거한 논평이었군요.

류영준　그렇죠. 우리는 한 번도 세계 최고인 적이 없었으니까요. 다만 황우석 사태 이후에 한국의 배아 줄기세포 연구가 위축된 건 사실입니다. 왜냐하면, 애초 배아 줄기세포는 성체 줄기세포 등과 비교했을 때 판이 크지 않았어요. 그런데 황우석 사태 이후에 그나마 있던 판마저 뒤집어지면서 기존의 연구자가 동력을 잃은 건 사실이죠.

줄기세포의 패러다임이 바뀌다

이명현　노벨상을 받은 역분화 줄기세포
는 어떻습니까?

역분화 줄기 세포의
가장 큰 장점은 복제 없이
자기 세포로 환자 맞춤형
줄기 세포를 만들 수
있다는 것이죠.

류영준　저는 2012년도 노벨상은 일본 정
부 노력의 산물이라는 생각이 강하게 들
어요. (웃음) 존 고든과 함께 노벨상을 받을
만하다고 생각되던 과학자는 야마나카 신
야가 아니라 제임스 톰슨이거든요. 톰슨이
야말로 줄기세포 연구의 '구루'죠. 아까 톰
슨이 1998년에 인간 배아 줄기세포를 최초로 수립해 냈다고 얘기했죠?

　그뿐만이 아니에요. 톰슨은 2007년 7월에 야마나카보다 먼저 《사이언스》에
역분화 줄기세포를 만든 사실을 발표했어요. 야마나카가 《셀》에 역분화 줄기세
포를 만든 사실을 발표하기 일주일 전이었죠. 그러니 톰슨이 받지 못하고 야마
나카가 노벨상을 받으리라고는 예상치 못했어요. 톰슨은 배아 줄기세포와 역분
화 줄기세포를 모두 최초로 해낸 과학자인데요.

김병수　야마나카가 2006년에 쥐에서 역분화 줄기세포를 먼저 만들긴 했죠.
작년 노벨상 결과는 인간 배아 줄기세포 연구에 대한 노벨상 위원회의 정치적
메시지가 들어간 거로 봐야죠. 톰슨이 윤리적 논란이 많은 인간 배아 줄기세포
연구를 활짝 연 당사자이기 때문에 노벨상 위원회로서는 부담스러웠을 겁니다.

강양구　존 고든도 같이 받았잖아요?

류영준　존 고든은 줄기세포 연구의 가능성(분화능 획득)을 최초로 선보인 사

람이죠. 고든은 1950년대 후반에 아프리카발톱개구리의 올챙이 창자 세포(체세포)를 핵이 제거된 난자에 집어넣어 온전한 성체로 발달하는 걸 최초로 보여 줬어요. 줄기세포, 동물 복제의 가능성을 동시에 제시한 셈이죠. 고든에서 줄기세포 또 동물 복제 연구가 시작되었다고 할 수 있죠.

김병수　역분화 줄기세포의 가장 큰 장점은 복제 없이 자기 세포로 환자 맞춤형 줄기세포를 만들 수 있다는 것이죠. 당연히 난자도 필요 없고요.

강양구　문제는 없나요?

류영준　일단 아직까지 안정성과 안전성, 또 체내 이식 후 효율성 모두 증명되지 않은 상태예요.

김병수　요즘 줄기세포를 연구하는 과학자들의 핵심 관심사 중 하나는 배아 줄기세포와 역분화 줄기세포를 비교해 보는 거예요. 그러니까 똑같은 사람의 세포로 배아 줄기세포와 역분화 줄기세포를 만든 다음에 둘을 비교하는 거죠. 뭐가 같고, 뭐가 다른지. 배아 줄기세포로 치료를 하겠다는 건 아직 먼 얘기고요.

황우석, 매머드와 함께 부활하나?

강양구　줄기세포 연구가 차분히 진행되기보다는 이렇게 엉망진창이 된 데는 황우석 박사의 책임이 크죠. 그런데 황 박사가 최근에 매머드를 복제한다고 해서 또 논란의 중심에 섰죠?

류영준　우선 학문적으로 매머드 복제 가능성은 '제로(0)'에 가까운 시도입니다. 매머드를 복제하려면 얼음 속에서 냉동되어 있던 매머드 혈액에서 온전한 체세포를 추출하는 게 최우선 과제죠. 그런데 그런 온전한 체세포가 냉동 매머드 혈액에 남아 있을 확률도 극히 낮고, 또 냉동 해동 분야에 비전문가인 황우석 박사 본인이 할 능력도 없어요.

이명현 만약에 온전한 매머드 체세포에서 핵을 뽑아낸다고 하더라도 도대체 어디에 이식을 하겠다는 거예요?

강양구 그러니까 매머드의 핵을 아시아코끼리의 난자에서 핵을 제거한 다음에 집어넣겠다는 건데요. 이건 이종 교배 아닌가요? 왜냐하면, 아무리 매머드가 몇 천 년, 몇 만 년을 거슬러 올라가면 아시아코끼리의 조상이라지만 사실은 다른 종이잖아요. 이건 원숭이 난자에다 사람의 핵을 집어넣는 거랑 뭐가 달라요?

류영준 정확한 지적인데요. 황우석 박사의 입장에서는 매머드와 아시아코끼리 간 이종 핵 이식이 불가능한 일이 아닐 겁니다. 혹시 백두산 호랑이 프로젝트를 할 때, 호랑이의 핵을 어느 난자에 집어넣었는지 아세요?

강양구 고양이?

류영준 처음에는 고양이에 하는 것이 맞다 싶었는지 고양이를 구하러 다녔어요. 나중에는 선배들이 관악산 고양이까지 잡으러 다녔다고 해요. 고양이가 얼마나 사나워요. 절대로 안 잡혀요. 또 고양이의 생리상 배란은 발정기 때나 하니 성숙한 난자를 구하기도 어렵죠. 그래서 도저히 고양이 난자 확보가 안 되는 거예요. 나중에는 모란 시장도 가고 그랬다는데, 그 많은 고양이 난자를 무슨 수로 구해요. 그래서 결국에는 호랑이 핵을 돼지 난자에 집어넣었어요. 절대 발표 때는 돼지라고 하지 않고 극비라고 하면서 말이죠.

강양구 이거 관악산 고양이 괴담이네요. (웃음)

류영준 이뿐만이 아니에요. 호랑이 핵을 돼지 난자에 집어넣었더라도 최소한 호랑이 자궁에 넣어야 하잖아요. 그런데 황 박사는 그냥 호랑이 핵이 든 돼지 난자를 그냥 돼지 자궁에 넣었어요. 호랑이와 돼지가 생리학적으로 너무나 다르잖아요. 그러면서 슬쩍 돼지 수정란도 같이 넣었죠. 나중에 초음파 사진이 착상이 된 걸로 나오면, 그게 도대체 호랑이 핵이 든 돼지 난자인지, 돼지 수정란인지 구분할 수 없잖아요. 그럼에도 공개 강연에 이런 사진을 보여 주고 사람들로 하여금 호랑이일 수도 있을 것이라는 기대감을 불러일으켰죠.

강양구 그걸 노린 거죠.

류영준 맞아요. 초음파 사진에 뭐가 착상된 걸로 나오면 백두산 호랑이 세포를 복제한 난자가 착상이 되었다고 말하고 다녔죠. (웃음) 아무튼 이렇게 동물 복제를 한 황 박사 입장에서는 코끼리와 매머드는 너무나 가깝죠. 그런데 코끼리 난자를 구하는 일은 쉬울까요? 어려울 것 같은데…….

강양구 쉽지 않죠. 또 코끼리는 임신 기간도 길어요. 24개월인가 그렇죠.

김병수 설사 매머드 복제가 가능하다고 하더라도 문제는 남죠. 멸종 동물을 복제하는 게 과연 지금 할 일인지 따져 봐야 하는 거죠. 매머드를 복원하면 뭐해요? 매머드가 생존할 수 있는 자연 환경이 아닌데요. 그런 노력과 비용이면 지금 멸종 위기에 처한 동물을 보호하는 데 신경을 쓰는 게 차라리 더 낫지 않겠어요?

이명현 복제 얘기가 나왔으니, 인간 복제 가능성은 어떤가요?

강양구　미탈리포프 박사는 인간 복제는 기술적으로 불가능하다는 견해를 밝혔더군요.

류영준　아니요. 의지, 시간, 비용의 문제죠. 복제 배아에서 줄기세포를 뽑아내기가 어렵지, 그런 복제 배아를 자궁에 착상시켜서 사람으로 키우는 일은 쉬워요. 자궁은 그 자체로 최적의 환경이거든요. 그러니까 줄기세포를 밖에서 키우는 게 어렵지, 복제 배아가 자궁에서 자라는 일은 훨씬 쉬울 거예요.

김병수　동감합니다. 충분히 가능하죠. 이미 어디선가 하고 있을지도 모르고요.

강양구　수박 겉핥기지만 최근의 줄기세포 현황을 간단히 살펴봤는데요.

류영준　이런 기회가 흔하지 않으니, 마지막으로 한마디만 더 할게요. 이젠 황우석 박사를 잊어야 할 때가 아닌가 싶어요. 그는 이미 줄기세포 연구 분야의 과학자로서 이력이 끝난 사람이거든요. 실제로 정부의 연구비를 받아서 연구를 주도하는 과학자들은 따로 있어요. 그런데 자꾸 줄기세포가 화제가 될 때마다 언론에서 그에게 미련을 두는 건 정말로 제대로 관심을 두어야 하는 곳을 보지 못하는 오류 같아요. 더구나 황 박사가 예전에 했던 언론 플레이를 마치 정전처럼 여기면서요.

저는 지금 실제로 줄기세포 연구를 진행하는 과학자들한테 주목해야 한다고 생각해요. 지금 한국은 배아 줄기세포, 성체 줄기세포, 역분화 줄기세포를 연구하는 과학자

> 지금 실제로 줄기세포 연구를 진행하는 과학자들한테 주목해야 한다고 생각합니다.

들이 모두 있어요. 그런데 그들이 도대체 무엇을 하는지, 또 세계 수준에 얼마나 근접했는지 시민들은 알 도리가 없죠. 이젠 황우석을 잊고 그들에게 주목해야죠.

김병수 미국 캘리포니아 주 정부는 연방 정부와는 다르게 배아 줄기세포 연구를 허용합니다. 그래서 차병원도 거기서 연구를 진행했다고 합니다. 그런데 우리가 주목해야 할 점은 연구비를 지원하는 캘리포니아 재생 의학 연구소의 투명성입니다. 홈페이지에 접수된 연구 프로젝트의 제목, 내용, 과학적 평가, 심사 결과 등이 비교적 상세히 공개되어 있지요. 주 정부의 공공 자금이 어떤 연구에 쓰이는지 누구나 쉽게 볼 수 있도록 만들어 놓은 겁니다.

또 과학자뿐만 아니라 환자, 일반 시민 또 여러 이해 당사자가 연구의 내용을 감시하고 조언을 할 수 있는 시민 참여 장치를 만들어 놓았어요. 미국이 배아 줄기세포 연구에 투자한다는 얘기만 화제가 되고 정작 투명한 연구를 가능하게 하는 사회적 인프라를 우리나라에 마련할 생각은 왜 안 하는지 모르겠어요. 이런 장치가 없을 때의 최악의 결과가 황우석 사태였잖아요.

강양구 오늘 수다는 여기서 마무리하죠. 두 분 오랜만에 나오셔서 솔직한 얘기 고맙습니다.

한 과학 담당 기자의 고백

여기서 한 가지 고백을 하려고 합니다. 2013년 12월 10일, 황우석 사태를 취재할 때 안면을 텄었던 《네이처》의 기자로부터 오랜만에 이메일이 왔습니다. 황우석 박사의 근황을 취재하러 서울을 갈 예정인데, 취재에 도움을 줄 수 있을지를 묻는 내용이었죠. 황 박사의 근황을 알 만한 사람들의 소개도 부탁했고요.

잠시 고민을 하다가 답장을 보냈습니다. 황우석 사태의 논문 조작을 「PD수첩」 등에 최초로 제보한 '닥터 K'와의 만남을 주선하겠다고요. 황 박사의 재판 진행 상황이나 복제 연구 현황보다는, 그의 논문 조작 사실을 최초로 세상에 알린 용기 있는 과학자의 목소리가 《네이처》를 통해서 전 세계에 알려지는 게 훨씬 더 중요하다고 판단한 것이죠.

2013년 12월 25일, 크리스마스 휴일 오후에 가족의 눈총을 받으며 집을 나섰습니다. 그리고 강남 역삼역 근처의 한 식당과 카페에서 오후 내내, 거의 네 시간이 넘도록 류영준 교수, 《네이처》 기자와 함께 황우석 사태의 이모저모를 토론했죠. 《네이처》가 이 대화 내용을 토대로, 8년간 침묵을 지켰던 '닥터 K'의 최초 실명 인터뷰를 기사로 내려고 부추겼고요.

당시 그 기자는 "이런 식의 인터뷰 기사가 《네이처》에 실리는 것은 이례적인 일"이라고 내부 논의의 필요성을 언급했습니다. 하지만 속으로 그 기자는 쾌재를 불렀을 거예요. 아니나 다를까, 어김없이 '닥터 K' 그러니까 류영준 교수의 인터뷰는 한 달이 지나고 나서 《네이처》에 실렸습니다. ("데이비드, 나한테 '고맙다.' 메일 정도는 보냈어야지!")

이런 고백을 하는 이유는 과학 문화에서 중요한 역할을 맡고 있는 과학 담당 기자의 고민을 여러분에게 털어놓기 위해서예요. 한국에서 과학 담당 기자는 주로 세 가지 취재원(source)에 의존합니다. 하나는 《네이처》,《셀》,《사이언스》 같은 과학 잡지 혹은 외국 언론에 실린 과학 기사입니다. 이런 기사를 번역하고 윤문해서 자기 기사처럼 내놓죠.

다른 하나는 (사실 본질적으로는 앞의 기사와 차이가 없는데) 《네이처》,《사이언스》와 같은 과학 잡지에 연구 업적이 실린 국내 과학자의 목소리를 담는 거죠. 그나마 이마저도 독자 눈높이에 맞춘다는 이유로 제대로 전달을 못해서, 상당수 과학자로부터 "무식한 기자" 소리를 듣는 경우가 다반사죠.

세 번째는 과학 기술부(미래 창조 과학부)와 같은 정부 부처, 연구 기관, 대학 등에서 내놓는 보도 자료를 베끼는 일입니다. 이 경우에는 보도 자료의 취지를 잘 전달할수록 문제가 됩니다. 본의 아니게 정부가 추진하는 특정한 정책의 나팔수 노릇을 하게 될 테니까요. 심각한 문제를 안고 있는 정부 정책이 별다른 토론 없이 강행되는 데는 이런 언론 탓이 크죠.

상황이 이렇다 보니, 국내의 과학 담당 기자는 늘 과학자, 그 중에서도 주류의 영향력 있는 과학자의 눈치를 볼 수밖에 없습니다. (심지어 어떤 과학 담당 기자는 자신이 과학 대신 영문학이나 인류학을 전공한 것에 콤플렉스를 느낍니다. 그래서 더욱더 과학자와 동일시되려고 노력하죠.) 중요한 취재원인 과학 정책을 집행하는 관료와 자신도 모르게 엉겨 붙게 되고요.

이런 상황에서 과학 담당 기자는 현재 진행 중인 과학 활동에 비판적인 성찰을 하기가 어렵습니다. 우리는 정치 담당 기자가 정치인을 감시, 비판하고 더 나아가서 현재의 정치 활동을 성찰하는 일은 당연하다고 생각합니다. 또 경제 담당 기자가 기업인이나 경제 관료를 감시, 비판하는 일은 용기 있는 일로 칭송받죠. 하지만 과학 담당 기자가 일부 과학자나 과학 정책을 집행하는 관료의 목소리를 앵무새처럼 되뇌는 건 아무도 이상하게 생각지 않죠.

이런 문제점이 쌓이고 쌓여서 폭발한 것이 바로 '황우석 사태'였습니다. 안타깝게도 그로부터 거의 10년이 지난 지금도 국내 과학 언론의 상황은 거의 나아지지 않았습니다. 이것이 바로 개인적인 특종 욕심을 포기하고, "세계적인 과학 잡지"《네이처》에 '닥터 K'의 최초 인터뷰를 양보한 이유입니다.

아니나 다를까,《네이처》의 보도 이후에 진보, 보수를 막론하고 국내 여러 매체에서 이 인터뷰를 중요한 기사로 취급했습니다. 만약 국내 언론의 다른 기자가 '닥터 K'를 최초 인터뷰해서 다뤘다면, 이 정도의 반향을 일으킬 수 있었을까요? 비록 익명이었지만《네이처》인터뷰 4개월 전에 한 매체에 실린 이 수다에 주목한 국내 언론은 아무 데도 없었습니다.

6

힉스 입자

태초에 힉스 입자가 있었다

이종필
건국 대학교
상허 교양 대학 교수

이강영
경상 대학교
물리 교육과 교수

이명현
과학 저술가 /
천문학자

강양구
《코메디닷컴》
콘텐츠 본부장

2013년 노벨 물리학상은 영국의 물리학자 피터 힉스와 벨기에의 프랑수아 앙글레르에게 돌아갔습니다. 사실 힉스 등의 노벨상 수상은 이미 2012년 7월 스위스 제네바 근처의 유럽 입자 물리학 연구소(CERN, 세른)가 "힉스 입자를 사실상 발견했다."라고 발표하고 나서부터 시간문제였습니다.

다만, 노벨상을 받기까지는 몇 년의 시간이 걸리리라는 예상을 깨고 1년 만에 전격적으로 이들에게 노벨상이 수여되었습니다. 힉스와 앙글레르의 고령을 염두에 두면 이번 결정은 다행스러운 일입니다. 노벨상은 죽은 이에게는 수상이 허용되지 않으니까요. 그런데 도대체 힉스 입자는 뭘까요?

힉스 입자는 1964년에 그 존재를 예언한 과학자 중 한 사람인 힉스의 이름을 딴 입자입니다. 세상에 존재하는 물질을 구성하는 궁극의 입자가 무엇인지를 탐구해 온 과학자들은 1960년대에 '표준 모형'이라는 모형을 제시했죠. 이 모형에 따르면, 총 17개의 입자가 상호 작용하면서 세상을 구성하고 있습니다.

그러나 이 표준 모형에서 예측한 입자 중에서 16개는 그 존재가 확인이 되었으나, 가장 중요한 힉스 입자는 수십 년간 어디서도 관측을 할 수 없었습니다. 세른이 최대 약 10조 원을 들여서 제네바 인근의 100미터 지하에 전체 길이 27킬로미터의 LHC(Large Hadron Collider, 대형 강입자 충돌기)를 만든 중요한 이유도 바로 힉스 입자 때문입니다.

지름 5센티미터, 길이 27킬로미터의 원형 튜브 속에 양성자를 넣고 빛의 속도에 가깝게 가속시킨 다음 양성자끼리 충돌을 시키면, 태양 중심부 온도의 10만 배 이상이나 되는 엄청난 에너지 상태를 만들어 낼 수 있습니다. 그 과정에서 충돌의 결과로 수많은 입자들이 생성되는데, 이때 힉스 입자가 발견될 수 있으리라고 기대한 것이죠.

LHC가 가동되고, 2012년 7월 힉스 입자가 발견되면서 이런 과학자들의 기대는 현실이 되었습니다. LHC 가동 전만 하더라도 농담을 섞어서 "힉스 입자가 없다는 데 100달러를 걸었다."고 말했던 스티븐 호킹도 힉스 입자의 발견 사실을 접하고선 "힉스가 노벨상을 타야 한다."고 목소리를 높였죠.

분명히 힉스 입자의 발견은 과학사의 가장 중요한 순간 중 하나입니다. 그러나 정작 그 중요한 순간을 지켜보는 대다수 시민은 힉스 입자에 관한 수많은 기사가 쏟아졌음에도 그 의미를 정확히 파악하지 못합니다. 이런 현실에 답답함을 느낀 물리학자 이강영 경상 대학교 교수와 이종필 박사가 나섰습니다.

힉스 입자, 신의 입자, 세른, LHC……. 평소 과학에 별다른 관심이 없는 사람이라도 지난 몇 년 새 한 번쯤은 접해 봤을 이 단어의 의미를 여러분과 다시 한 번 살펴봅니다. 그럼, 힉스 입자가 속한 너무 작아서 보이지 않는 세계로 여행을 떠날 시간입니다.

우리는 힉스 입자를 '발견'했다!

이명현　최근 몇 년 새 과학계에서 가장 뜨거운 이슈라면 아무래도 힉스 입자의 발견입니다. 2012년 7월 4일 힉스 입자를 발견한 소식이 국내 언론을 포함한 전 세계 언론을 통해 알려졌어요. 그리고 1년 후에는 힉스 등이 노벨상도 받았죠. 그런데 정작 힉스 입자 발견의 정확한 의미를 제대로 정리하는 자리는 없었습니다.

이 자리에서는 힉스 입자 발견 사실을 처음으로 알린 세른의 발표를 중심으로 힉스 입자 발견의 의미를 짚어 보겠습니다. 처음에는 그 발표 자체를 놓고도 설왕설래가 있었어요. 일부 언론은 "유럽 재정 위기 등으로 예산 절감을 우려한 세른이 확정되지 않은 사실을 서둘러 발표했다." 이렇게 지적하기도 했지요. 나중에 이렇게 보도한 언론은 머쓱해졌지만요.

이종필　확정되지 않은 사실이라니요? (웃음) 당시 세른의 발표를 정확히 이해하려면 과학자들이 사용하는 용어부터 알아야 합니다.

예를 들어서 동전을 100번 던져서 앞면이 나올 확률은 대개 50회 정도잖아요. 누군가 자신이 "초능력이 있다."라며 동전을 던졌는데 앞면이 56~57회가 나왔어요. 다들 그 정도는 우연일 뿐이라며 웃고 넘어가겠지요. 하지만 앞면이 80회가 나오면 그때는 사정이 달라요. 누군가 초능력을 발휘했다고 주장해도 '아, 그럴 수 있겠다.' 하는 생각이 들겠지요.

과학자들은 그래서 동전을 100번 던져서 앞면만 75회 나올 정도와 비견할 만한 관측 결과가 나왔을 때 '발견(discovery)'이라는 표현을 사용합니다. 동전을 100번 던져서 75번 이상이 나올 확률은 350만분의 1이거든요. 그러니까 이 정도라면 "누군가 초능력을 발휘했다." 이렇게 인정할 정도가 된다는 거예요.

그리고 100번 던져서 앞면만 65회 나올 정도의 관측 결과가 나왔을 때는 '관측 (observation)'이라는 표현을 사용합니다(확률은 700분의 1입니다.). 그런데 2012년 7월 4일, 세른의 힉스 입자는 그 확률이 '발견'에 약간 못 미치는 정도였어요. 그래서 공식 발표 자료에 "힉스 입자 발견" 대신 "힉스 입자 관측" 하는 식의 표현이 들어간 거예요.

> 이번에 발견된 힉스 입자를 합쳐서 현재까지는 총 17개의 입자가 확인이 되었습니다.

강양구 그럼, 사실상 2012년 7월에 힉스 입자 발견이 확인되었다고 해도 무방하겠군요.

이종필 실제로 2012년 7월 4일 발표 이후에 논문들이 쏟아졌죠. 그런데 논문 제목이 대부분 "힉스 입자 발견(The Discovery of Higgs Boson)" 이런 식이에요. 세른의 롤프 호이어 소장이 2012년 7월 4일 발표 현장에서 공식 자료와는 달리 "We have a discovery." 이런 표현을 쓴 것도 같은 맥락입니다. 힉스 입자를 발견한 사실을 강조하고 싶었던 겁니다.

그러니까 "유럽 재정 위기 탓에 세른이 힉스 입자 발견 사실을 서둘러 발표했다." 혹은 "힉스 입자 발견은 아직 아니다." 이런 식의 당시 기사는 맥을 약간 잘못 짚은 겁니다. 2012년 7월 4일 공식 발표 자료의 표현을 그대로 쓰자면 "힉스 입자에 부합하는(consistent) 입자"를 발견한 사실을 과학계에서 부정하는 사람은 아무도 없었죠.

강양구 방금 "힉스 입자에 '부합하는' 입자"라는 표현을 썼는데요. 그럼, 2012년 7월 4일부터 도대체 어떤 확인 작업이 계속된 건가요?

이강영　그건 이렇게 설명해 볼게요. 우리가 아프리카에서 전혀 처음 보는 동물을 발견했어요. 겉모습만 보기에는 사자와 비슷한 동물로 추정됩니다. 하지만 단지 겉모습만 보고서 사자로 확정할 수는 없잖아요. 유전자 검사 등을 통해서 기존 사자의 유전자와 얼마나 유사한지 등으로 최종 확인 작업을 거치겠지요.

힉스 입자도 그런 과정을 거친 거예요. 이미 과학자들이 이론적으로 힉스 입자가 가져야 할 몇 가지 특징을 예측해 놓았습니다. 과연 그 입자가 이론적으로 예측한 힉스 입자의 특징을 가지는지 시간을 두고 확인하는 일이 남았던 거예요. 그런 과정을 수차례 거치면서 비로소 2012년 7월 4일 발표한 입자를 힉스 입자라고 확정할 수 있었죠.

세상을 구성하는 17개의 입자!

이명현　여기서 힉스 입자를 둘러싼 이 난리법석이 인류에게 어떤 의미를 가지는지 얘기하면 어떨까요? 도대체 왜 이렇게 과학자들이 흥분하는 겁니까?

이종필　인간 진화의 역사를 보통 500만 년 정도로 봅니다. 그러면 이런 질문을 던져 볼 수 있을 거예요. "인간이 처음으로 세상을 인식했을 때 가졌던 첫 번째 의문은 무엇인가?" 아마도 다섯 손가락 안에 드는 의문 중 하나가 바로 이런 것일 거예요. "세상은 도대체 무엇으로 만들어졌을까?"

최초의 철학이라고 불리는 그리스 자연 철학자의 화두가 바로 그것이었습니다. 예를 들어서, '철학의 아버지'로 불리는 탈레스는 약 기원전 600년에 세상의 근원은 '물'이라고 얘기했습니다. 사실 기록이 안 남아서 그렇지 탈레스 이전에도 수많은 이들이 그 질문에 나름의 답을 가지고 있었을 거예요.

바로 이런 질문에 답을 찾는 과정, 그것이 바로 물리학의 역사라고 생각합니다. 그러니까, 지금 화제가 되는 힉스 입자도 따지고 보면 탈레스와 그 이전으로 거슬러 올라가는 이 물음에 대한 답이라고 볼 수 있어요. 탈레스가 내놓은 답이 '물' 하나였다면, 오늘날 과학자의 답은 힉스 입자를 포함한 17개의 입자입니다. 물론 앞으로 더 발견될 수도 있고요.

강양구 사실 대부분의 일반인은 물질을 구성하는 기본 입자를 '원자'라고 생각할 거예요. 중학교 때 그렇게 배웠잖아요.

이강영 고대 그리스의 데모크리토스가 세상의 근원 물질을 '원자'라고 명명했고, 1803년 영국의 물리학자 존 돌턴이 현대적인 원자론을 내놓았습니다. 그리고 우리는 세상에 존재하는 모든 물질이 100여 개의 서로 다른 특성을 가진 원자로 구성되어 있는 사실을 알았어요.

20세기 들어서 과학자들이 이 원자의 구조를 파헤치기 시작했습니다. 그래서 원자들이 원자핵과 전자로 구성되었고, 다시 원자핵은 양성자와 중성자로 구성된 사실이 확인되었어요. 더 나아가 100여 개나 되는 원자들의 서로 다른 특성은 원자핵을 구성하는 양성자와 중성자가 몇 개씩 모여 있느냐에 따라 결정된다는 사실 등도 알게 되었고요.

이때만 하더라도 원자를 구성하는 양성자, 중성자, 전자 이 세 가지가 물질을 구성하는 궁극의 입자인 것처럼 보였어요. 하지만 그게 끝이 아니었습니다. 여러 실험을 하는 과정에서 또 우주에서 지구로 날아오는 물질을 관찰하면서 양성자, 중성자, 전자와는 전혀 다른 특징을 가진 물질을 확인한 거예요.

그래서 과학자들은 양성자, 중성자를 구성하는 또 다른 궁극의 물질이 있는 것은 아닌가, 이런 의문을 품었습니다. 그러다 양성자, 중성자를 만드는 '쿼크'라는 입자를 발견했지요.

이명현 아까 물질을 구성하는 궁극의 입자가 17개라고 했잖아요?

이종필 네, 현재까지 알려진 물질의 궁극 입자는 다시 둘로 나눌 수 있어요.

우선 원자핵을 구성하는 양성자, 중성자를 만드는 입자들이 있어요. 바로 이런 입자를 쿼크라고 합니다. 현재까지 쿼크는 총 6개가 발견되었어요. 그리고 원자핵을 만드는 데 관여하지 않는 입자들이 있습니다.

힉스 입자의 별명이 '신의 입자'인데요. 모든 기본 입자에 질량을 부여하고 남겨진 힉스 입자한테 그럴듯한 별명입니다.

이명현　전자나 빛보다 빠르다고 화제가 되었던 중성미자 같은 거죠? 물론 중성미자가 빛보다 빠르다는 사실은 측정 오류로 확인되었지만요.

이종필　맞습니다. 전자, 중성미자 등을 렙톤(lepton, 경입자)이라고 하는데요. 현재까지 6개가 확인되었습니다.

강양구　나머지 5개의 입자는 무엇인가요?

이강영　세상에는 크게 4개의 힘이 존재합니다. 첫 번째 힘은 우리가 언제나 느끼는 '중력'입니다. 중력은 질량이 있는 두 물체 사이에 작용하는 힘입니다. 즉 사과가 땅으로 떨어지게 만드는 우리가 잘 아는 그 힘입니다.

　두 번째 힘은 전기력과 자기력을 함께 일컫는 '전자기력'입니다. 사실 우리 눈에 보이는 대부분의 현상은 이 전자기력 때문에 일어납니다. 예를 들어서, 스마트폰으로 인터넷을 검색할 때 손가락으로 '터치'하잖아요. 전자기력이 없으면 그렇게 터치를 해서 스마트폰의 화면을 넘길 수 없을 거예요. 아니 인간의 존재 자체가 불가능합니다. 인간을 비롯한 생물의 세포, 조직 등이 결합할 수 있게 하는 힘이 바로 전자기력이니까요.

그런데 중력, 전자기력 외에도 눈에 보이지 않는 중요한 힘이 또 있어요. 바로 원자보다 작은 세계에서 작용하는 힘입니다. 아까 쿼크로 구성된 양성자, 중성자가 모여서 원자핵이 된다고 했어요. 그런데 원자핵과 같은 단단한 물질이 가능하려면 그 구성 요소를 묶어 주는 아주 강한 힘이 필요합니다. 그 힘이 바로 '강한 핵력'입니다.

또 전자, 중성미자와 같은 물질이 다른 물질과 관계를 맺게 해 주는 힘도 있습니다. 그 힘을 '약한 핵력'이라고 합니다. 이 약한 핵력은 중력보다는 강하지만 전자기력보다는 약해요. 당연히 원자(핵)의 존재를 가능하게 하는 강한 핵력은 네 힘 중에서 제일 강합니다. (강한 핵력 > 전자기력 > 약한 핵력 ≫ 중력)

그런데 바로 여기서 과학자들이 또 다른 중요한 사실을 발견합니다. 이 네 가지 힘이 작용할 때는 그것을 매개하는 입자가 있다는 거예요. 예를 들어서 전자기력을 매개하는 입자가 바로 광자(빛)입니다. 강한 핵력을 매개하는 입자는 글루온, 약한 핵력을 매개하는 입자는 Z 입자, W 입자입니다.

이렇게 4개의 입자에다가 이번에 발견된 힉스 입자를 합쳐서 현재까지는 총 17개의 입자가 확인이 된 거죠. 물론 이론적으로는 중력을 매개하는 입자인 '중력자'도 있습니다. 하지만 아직까지 중력자의 존재는 확인을 못하고 있어요. 덧붙이자면, 중력은 과학자들이 그 정체를 해명하지 못한 난제 중 하나입니다.

태초에 힉스 입자가 있었다!

강양구　그런데 과학자들은 이미 1960년대부터 힉스 입자의 발견을 예측했잖아요. 왜 힉스 입자가 그렇게 중요했던 건가요?

이강영　일단 지금 우리는 보이지 않는 세계에 대해서 논하고 있다는 사실을 한 번 더 강조할게요. 우리는 실험, 관찰을 통해서 물질을 구성하는 17개 입자의 존재를 확인했어요. 그 17개 입자가 서로 어떻게 상호 작용을 하면서 물질을 구성하는지를 설명해야 합니다.

이것을 위해 과학자들이 이론적으로 여러 가지 모형을 내놓았어요. 그중에서 현재까지 가장 성공적으로 현상을 설명하는 모형이 바로 '표준 모형'입니다. 이 표준 모형으로 중력을 제외한 전자기력, 강한 핵력, 약한 핵력이 어떻게 작용해서 물질을 구성하는지 모순 없이 설명할 수 있습니다.

이제 좀 어려운 얘기를 해야겠어요. 표준 모형은 기본적으로 세 가지 원리에 기반을 두고 있습니다. 알베르트 아인슈타인의 특수 상대성 이론, 양자론, 그리고 '게이지 대칭성(gauge symmetry)'이 그것입니다. 여기서 특수 상대성 이론, 양자론까지 얘기를 하자면 한도 끝도 없어요. (웃음)

그러니 일단 그 둘은 '과학 수다'의 다른 자리에서 살펴보기로 하고, 여기서는 표준 모형, 더 나아가 힉스 입자의 존재를 이론적으로 뒷받침하는 게이지 대칭성부터 얘기하겠습니다. 우선 용어부터 살펴보겠습니다. 대칭성은 뭔가요?

이명현 머릿속에 동그라미를 떠올리면 되지요. 동그라미는 중심을 축으로 어떻게 돌려도 원래 모습 그대로이므로 대칭적이죠. 정삼각형도 무게 중심을 축으로 3분의 1바퀴, 즉 120도를 회전시키면 원래 모습 그대로이니 역시 대칭적이지요. 어떤 변환에 대해서 변하지 않는 것이 있을 때, 그걸 '대칭성이 있다.'라고 합니다.

이강영 물리학에서 말하는 '대칭성'도 크게 다르지 않아요. 뉴턴의 중력 법칙 (두 물체는 질량에 비례하고 거리의 제곱에 반비례하는 세기의 힘으로 서로 잡아당긴다.) 은 서울이든 부산이든 또 지구든 달이든 어디서나 똑같이 작용하거든요. 바로 이럴 때 '대칭성이 있다.'고 말해요.

사전을 보면, '게이지(gauge)'는 무언가를 측정하는 기준 등을 말해요. 그러니까 게이지 대칭성은 시공간에 따라서 어떤 변화를 주더라도 그 기준 자체는 변하지 않는 성질을 가리키는 말이에요. 예를 들어서, 우리의 일상생활을 지배하는 전자기력은 빛(광자)이 매개하는 힘입니다. 이 힘, 즉 전자기력이 작용하는 공간을 전자기장이라고 부릅니다.

전자기장은 완벽하게 게이지 대칭성을 만족시킵니다. 그런데 이렇게 게이지 대칭성을 만족시키는 장(場)이 가능하려면 그것을 매개하는 입자의 질량이 '0'이어야 합니다. 실제로 전자기력을 매개하는 '빛'은 질량이 0이고요.

이렇게 전자기력은 질량이 없는 빛을 통해서 전달되기 때문에 얼마든지 먼 거리까지 작용하지요. 그렇다면, 원자 안에서 작용하는 약한 핵력은 어떨까요? 아까도 언급했듯이, 이 힘은 오늘 우리가 관심을 두는 보이지 않는 세계에서만 작용하기 때문에 20세기에 들어서야 비로소 발견이 되었어요.

그렇다면, 이 힘은 왜 이렇게 눈에 보이지 않는 작은 범위에서만 작용할까요? 빛을 염두에 두면 한 가지 가능한 설명이 있습니다. 즉 이 힘을 전달하는 입자가 빛과는 달리 무겁기 때문에, 즉 빛과는 달리 질량을 가지고 있기 때문에 이 힘이 작용하는 범위에 한계가 있는 것이에요. 바로 이것이 약한 핵력이 작은 범위에서만 작용하는 이유입니다.

여기서 중요한 문제가 나타납니다. 앞에서 언급했듯이 게이지 대칭성을 만족하는 장에서는 힘을 전달하는 입자의 질량이 0입니다.

이명현 만약 약한 핵력의 힘을 전달하는 입자가 질량을 가지고 있다면 게이지 대칭성이 깨져야 하네요.

이종필 맞습니다. 애초에 대칭성 따위는 없었다고 생각할 수도 있습니다

힉스 입자의 발견으로 존재 이유가 더욱더 강화된 표준 모형이 '최선의' 정답은 아닐 수도 있다는 얘긴가요?

만, 대칭성이 있으면 그 나름대로 유용한 면이 있습니다. 그런데 2008년 노벨 물리학상을 받은 일본의 난부 요이치로가 1960년에 '자발적 대칭성 깨짐(Spontaneous Symmetry Breaking)'이라는 개념을 입자 물리학에 도입합니다!

이론상, 즉 과학자들이 중요하게 여기는 수식으로는 대칭성이 있지만 그것이 현실로 나타날 때는 대칭성의 일부가 깨진다는 것이에요. 말장난 같지만, 아예 대칭성이 없는 것과 있었던 대칭성이 깨진 것은 전혀 다르거든요. 여전히 잘 이해가 안 되나요? (웃음) 사실 굉장히 어려운 개념인데요.

이강영 1964년 영국 에든버러 대학교의 피터 힉스, 벨기에 브뤼셀 대학교의 프랑수아 앙글레르와 로베르 브라우, 미국의 제럴드 구랄니크, 리처드 하겐, 톰 키블 등이 거의 동시에 대칭성이 자발적으로 깨지면서 입자가 질량을 가지는 방법을 발견했어요. 이것을 이른바 '힉스 메커니즘'이라고 부릅니다. 그런데 바로 이 방법이 가능하려면 꼭 있어야 할 입자가 있어요.

강양구 그게 바로 힉스 입자군요!

이종필 맞습니다. 정확히 말하자면 1967년 스티븐 와인버그가 표준 모형의 방정식을 만들면서, 이 힉스 메커니즘을 약한 핵력에 적용했어요. 그러면서 힉스 입자의 존재 가능성을 예언했습니다. 그러니 사실 힉스 입자에 이름이 붙은 피터 힉스는 행운아인 셈입니다. 유럽 물리학계에서는 브라우, 앙글레르, 힉스 3명의 이름을 따서 BEH 입자라고도 부릅니다. (웃음)

이강영 여기서 고(故) 이휘소를 언급하지 않을 수 없네요. 1967년 발표한 와인버그의 논문은 당시에는 거의 아무런 주목을 끌지 못했어요. 심지어 발표 후 3년 동안 단 한 번도 인용되지 않았습니다. 그런데 이 논문의 중요성을 가장 먼저 깨달은 사람이 바로 이휘소였습니다. 그의 활약으로 표준 모형이 자연을 설명하는 근본 이론으로 받아들여졌습니다.

이종필 만약 이휘소가 살아 있었다면 와인버그와 같은 물리학계의 '살아 있는 전설'이 되었을 거예요. 힉스 입자는 힉스 메커니즘의 결과로 남겨진 입자인데요. 그러니까 여러 기본 입자에 질량을 부여하는 힉스 메커니즘이 실제로 작동했다는 증거입니다. 힉스 입자의 별명이 '신의 입자'인데요. 모든 기본 입자에 질량을 부여하고 남겨진 힉스 입자한테 그럴듯한 별명입니다.

이강영 그런데 정작 힉스는 이 별명을 싫어한다고 해요. 아주 강한 신념의 무신론자거든요. (웃음) 원래 이 '신의 입자'라는 별명은 노벨 물리학상을 수상했던 미국의 물리학자인 리언 레이더먼이 1994년 펴낸 책의 제목에서 유래했어요. 애초 레이더먼은 이 책의 제목을 "Goddamn Particle"이라고 붙였대요.
　존재 증명이 너무 어려운 힉스 입자를 놓고 "이 빌어먹을 입자!"라고 푸념한 거예요. 그런데 출판사가 어감이 부정적이라며 "God Particle"이라고 제목을 수정해서 책을 펴냈어요. 그러면서 이 힉스 입자의 별명이 '신의 입자'가 된 것이지요. 사실 저는 개인적으로 원래 레이더먼이 붙인 이름이 더 마음에 듭니다.
　거칠게 설명하자면, 지금 우주가 질량이 있는 상태를 유지하는 게 바로 이 힉스 입자가 존재하기 때문이에요. 만약 힉스 입자가 없다면 지금 우리 우주는 질량이 없는 상태로 존재하겠지요. 상상하기도 힘들지만, 당연히 인간은 물론이고 지구, 태양의 존재도 불가능하겠지요.

이종필 다른 비유를 들어 볼게요. 서울의 강남 거리는 항상 사람들이 북적대잖아요. 즉 강남 거리를 지나다니는 사람들의 분포에는 일종의 대칭성이 있어요. 그런데 만약에 그 강남 거리에 「강남 스타일」 노래와 뮤직 비디오로 떴던 '국제 가수' 싸이가 갑자기 나타났다고 해 봐요. 싸이를 찍으려는 방송 카메라도 같이요.

강남 거리는 순식간에 아수라장이 되겠죠. 엄청난 인파가 싸이를 중심으로 몰려들 거예요. 순식간에 강남 거리의 대칭성이 깨지겠지요. 이뿐만이 아니에요. 싸이 주변에는 사람이 몰려서 그쪽으로 누군가 움직이려면 큰 저항을 느끼게 되겠지요. 바로 힉스 입자가 하는 일이 갑자기 강남 거리에 나타난 싸이와 비슷합니다.

강남 거리에 나타난 싸이처럼 힉스 입자는 대칭성을 깨면서 균일하던 분포에 변화를 야기합니다. 그리고 강남 거리에 나타난 싸이 주변에 모인 인파 때문에 느끼는 저항은 바로 힉스 입자 때문에 기본 입자들이 얻는 질량에 비유할 수 있어요. 그럴듯한 비유라서 강연을 할 때 제가 자주 언급하는데 어떻습니까? (웃음)

원래 이 비유는 영국 과학자들이 이번에 힉스 입자를 발견한 LHC에 대한 후원을 요청하면서 영국 관료를 상대로 썼던 비유입니다. 당시 영국 관료들이 과학자들에게 이렇게 말했다고 해요. "1분 안에 LHC에서 하고자 하는 일을 알기 쉽게 설명하면 돈을 주겠다." 물론 당시에 영국 과학자들이 예를 들었던 주인공은 싸이가 아니었고요.

힉스 입자와 친해지기

강양구 아까 힉스 입자의 정체를 파악하려면 표준 모형을 이해해야 하고, 표준 모형을 제대로 이해하려면 상대성 이론, 양자론 그리고 게이지 대칭성을 알아야 한다고 언급했죠? 사실 셋 다 20세기 물리학의 정수라고 할 수 있는데요. 독자들에게 도움이 될 만한 책을 소개하자면 어떤 것이 있을까요?

이명현 3권의 책을 권하고 싶습니다. 먼저 이강영 박사의 『보이지 않는 세계』(휴먼사이언스, 2012년)가 있습니다. 이 책은 앞부분이 미시 세계, 뒷부분이 거시 세계를 다루고 있어요. 그래서 이 책을 읽으면, 지금 얘기되고 있는 힉스 입자가 세계에서 차지하고 있는 위상을 전체적으로 조망할 수 있습니다.

또 이강영 박사는 이 책에서 미시 세계와 거시 세계를 관통하는 중요한 과학적 성취의 뒷얘기를 일화들을 중심으로 상세히 소개하고 있어요. 그런 일화들을 접하면서 독자들은 자연스럽게 '보이지 않는 세계'의 실체를 해명하려는 과학자의 열정에 공감하고 또 그 시도에 동참할 수 있습니다.

이종필 사실 이 책의 제목 자체가 아주 철학적이에요. 왜냐하면 한때 많은 과학자 또 철학자들이 '보이지 않는 세계'는 과학의 연구 대상이 아니라고 보았거든요. 지금도 이런 시각의 연장선상에서 "실험으로 검증하기 어려운 이론이 과연 과학인가?" 이런 질문이 심심치 않게 나오곤 합니다.

심지어 물리학자 사이에서도 이런 시각을 견지하는 과학자들이 있습니다. 그런데 최근에 발견한 힉스 입자는 물론이고 중성미자와 같은 물질은 보통 눈에 보이지 않아요. 하지만 그것은 엄연히 세상을 구성하는 물질이거든요. 과학 연구의 대상이 '보이지 않는 세계'로 확장되어야 할 필요성은 바로 여기에 있습니다. 이 책의 제목은 이런 시각을 강조한 것입니다.

이명현 네, 바로 그 지점에서 이론의 중요성이 강조됩니다. 이종필 박사의 『신의 입자를 찾아서』(마티, 2008년)는 바로 그런 점에서 중요한 책입니다. 제가 보기에는 보통 사람이 표준 모형을 이해하기 위해서 전제가 되는 상대성 이론, 양자론에 입문하기에 가장 좋은 책이 바로 이것입니다.

이 책은 "알기 쉬운" 따위의 수식어가 붙은, 당의정을 입힌 대다수 과학 책과 구분됩니다. 그런 책이 어렵다는 이유로 상대성 이론, 양자론을 피해 가거나 혹은 제대로 설명하지 않고 넘어가는 데 비해서 이 책은 그런 이론을 정면으로 다룹니다. 그것도 국내외의 어떤 책 못지않게 명쾌하게요.

이종필 제 책 얘기라서 약간 쑥스럽긴 합니다만, 한마디만 보탤게요. 일반인을 상대로 강연 요청, 원고 청탁이 들어오면 항상 듣는 말이 '초등학생'도 알아들을 수 있게 해 달라는 거예요. 예전에는 그런 요청에 고분고분 "네, 알겠습니다." 했어요. 그러다 레너드 서스킨드의 『블랙홀 전쟁』 (사이언스북스, 2011년)을 번역하다가 이런 내용을 읽었습니다.

뉴턴의 중력 법칙은 서울이든 부산이든 똑같이 작용하거든요. 이럴 때 '대칭성이 있다.'고 말해요.

> 양자 역학은 자연의 새로운 법칙 이상이었다. 고전적인 논리학 규칙들이나 제정신을 가진 멀쩡한 사람들이 추론할 때 동원하는 평범한 규칙들까지 변화시켰기 때문이다. 양자 역학은 괴상망측해 보였다. 그러나 그렇든 말든 물리학자들은 양자 논리라는 새로운 논리에 맞춰 자신들의 신경망을 재배선했다. (『블랙홀 전쟁』, 12쪽)

그러니까 당대 최고의 과학자도 양자론을 제대로 이해하려면 신경망을 바꿔서 생각의 회로를 바꿀 정도의 노력이 필요했다는 거예요. 아인슈타인이 양자론을 격렬하게 받아들이지 않은 건 그 단적인 예입니다. 그런데 이런 양자론을 초등학생도 이해할 수 있게끔 소개하는 건 사실 불가능한 일입니다.

이명현 그런 풍토에 대해서는 과학자들이 강하게 문제 제기를 해야 해요. 왜냐하면, 미셸 푸코의 철학을 초등학생도 알아들을 수 있도록 쉽게 설명하라고 어느 누구도 요구하지 않잖아요. 그런데 왜 상대성 이론, 양자 역학은 초등학생도 알아들을 수 있도록 얘기를 해야 하나요?

이종필 동감합니다. 대부분의 사람은 인문 교양의 결핍은 부끄러워하면서도 과학 교양의 결핍은 부끄러워하지 않아요. "원자가 전자, 양성자, 중성자로 이루어졌다." 거의 100년 전에 확인된 내용이고, 고등학교 교과서에도 나오는 내용이지요. 이런 사실을 모르는 건 부끄러워하지 않아요.

하지만 알쏭달쏭한 프랑스 철학자의 난해한 이론이나 개념어는 마치 교양의 척도처럼 생각이 되잖아요. 예를 들어서, 정상적인 4년제 대학 교육을 받은 저도 의료 기사, 법률 기사, 심지어 영화 기사를 보면 정확히 그 의미를 모르는 용어가 많아요. '미필적 고의', '미장센', '클리셰' 등.

이 정도는 현대를 살아가는 시민, 혹은 더 좁혀서 지식인의 기본 교양이라고 생각합니다. 그런데 왜 과학 교양에는 그런 잣대를 들이대지 않느냐는 것이지요. 지난 수천 년간, 특히 근대의 과학 혁명 이후 수백 년간 축적해 온 인류의 과학 교양이 그렇게 만만한 게 아니에요. 초등학생도 이해할 수 있을 정도로 짧게 요약할 수 있는 것이 아닙니다.

이강영 물론 과학자들이 좀 더 눈높이를 낮추고 대중과 소통해야 한다는 전제를 당연히 받아들입니다. 그러니 이렇게 바쁜 시간을 쪼개서 힉스 입자를 놓고서 수다를 떨고 있지요. 하지만 방금 오고간 얘기는 좀 더 공론화가 될 필요가 있을 것 같아요. 꼭 수다를 정리할 때 포함시켜 주세요. (웃음)

강양구 네, 알겠습니다. (웃음) 세 번째 읽어 볼 책도 역시 이강영 박사님의 『LHC, 현대 물리학의 최전선』(증보판, 사이언스북스, 2014년)입니다.

이명현 그래요. 이 책은 앞에서 읽은 두 책의 내용을 포괄하면서 20세기에 이뤄졌던 미시 세계를 해명하려는 과학자들의 노력을 이론과 실험 양면 모두 다루고 있습니다. 특히 힉스 입자를 발견하는 데 이용한 LHC까지 이어지는, 가속기의 역할을 다룬 부분은 이 책만의 특장점이고요. 이렇게 3권을 읽으면 힉스 입자를 이해하는 기본 준비를 한 셈입니다.

힉스 입자 발견 이후

강양구   지금까지 힉스 입자 발견의 의미를 수박 겉핥기식으로 살펴봤습니다. 그럼, 가수 이정봉의 노래(「어떤가요」) 가사처럼 "이젠 모두 끝인가요, 정말 그런가요?" (웃음)

> 강남 거리에 나타난 싸이처럼 힉스 입자는 대칭성을 깨면서 균일하던 분포에 변화를 야기합니다.

이종필   아니요! (웃음) 사실 힉스 입자 발견 후에 과학자 앞에 닥친 가장 큰 문제가 바로 그거예요. 이번에 힉스 입자를 발견한 LHC 건설에 약 10조 원이 들었어요. LHC 가동에만 연간 2250억 원이 들어가고, 각종 실험 팀의 경비까지 합치면 연간 운영비는 약 2650억 원에 달합니다.

그런데 이런 지상 최대의 실험 시설이 할 수 있었던 게 힉스 입자 발견뿐이라면 김빠지는 일이잖아요?

이강영   물론 힉스 입자 발견 자체도 흥분되는 일임은 틀림이 없어요. 하지만 앞에서 살펴봤듯이 1960년대부터 표준 모형이 확립되는 과정에서 힉스 입자의 발견은 이론적으로 예견되었던 일이거든요. 그러니까 이번 힉스 입자 발견으로 '표준 모형이 옳았다.' 이건 확인을 했어요. '그럼, 그 이후는?' 이런 질문이 이어지지 않겠어요?

만약 LHC에서 '그럼, 그 이후는?' 같은 질문에 자극을 주는 발견이 이어지지 않는다면 정말로 김빠지는 일이 될 수도 있는 거예요. 물론 저는 낙관적입니다. LHC를 계속해서 가동하다 보면 지금까지 확인된 17개의 입자 외에 다른 입자들이 발견될 수도 있고, 더 나아가 표준 모형에 결정타를 날릴 발견이 있을지도 모릅니다.

이명현　힉스 입자의 발견으로 그것의 존재 이유가 더욱더 강화된 표준 모형이 '최선의' 정답은 아닐 수도 있다는 얘긴가요?

이종필　왜냐하면, 표준 모형이 설명을 못하는 부분이 분명히 있거든요. 예를 들어서, 표준 모형은 중력에 대해서는 아무것도 말해 주지 않아요. 중력은 뉴턴이 만유인력의 법칙을 발견한 이래 300여 년이 지난 지금까지도 인류가 가장 이해를 못하는 힘이에요.

이강영　우리가 오늘 관심을 두는 보이지 않는 세계에서는 중력의 효과가 너무나 미미하기 때문에 표준 모형에 중력이 포함되어 있지 않아도 상관이 없어요. 하지만 중력을 설명하지 못하는 한 표준 모형은 과학자들이 꿈꾸는 '만물이론'이 될 수 없어요.
　다른 문제도 많아요. 표준 모형은 중성미자의 질량을 정확하게 '0'으로 가정해 놓았어요. 하지만 중성미자의 질량이 0이 아니라는 것을 가리키는 관측 결과가 나오고 있어요. 또 우주에는 우리에게는 보이지 않는 소위 '암흑 물질'이 23퍼센트 정도 존재해요. 그런데 표준 모형의 틀 안에서는 이 암흑 물질의 존재를 설명하지 못합니다.

이종필　그런 점에서 이번 힉스 입자의 발견은 표준 모형으로 대표되는 세계의 근본을 설명하는 방법이 일단락된 것이라고 볼 수 있습니다. 다시 말하자면, 그 표준 모형으로 설명하지 못하는 세계에 대한 새로운 도전이 시작된 것이지요. 앞으로 50년 후 또 100년 후에 물리학 교과서가 이번 발견을 어떻게 기록할지 벌써부터 기대됩니다.

이젠, 아인슈타인을 잊을 때입니다

과학자와 겹치는 전형적인 이미지는 무엇일까요? 일반인은 도저히 이해하지 못하는 수식을 뚫어져라 쳐다보면서 골몰하는 모습, 정리되지 않은 부스스한 머리에 두꺼운 렌즈가 달린 안경을 쓰고서 자기만의 세계에 빠져 있는 괴짜, 그러면서도 세계의 비밀을 꿰뚫는 직관을 가진 천재 등. 미국 드라마 「빅뱅이론」의 과학자 셸던 쿠퍼가 바로 이런 모습이죠.

그런데 지금은 물론이고 과거에도 과학자의 모습은 이렇지 않았습니다. 근대 과학을 활짝 연 갈릴레오 갈릴레이(1564~1642년)는 가톨릭 교회로부터 박해를 받았다는 통념과는 달리 교황을 비롯한 실세들과 막역한 사이였습니다. 그들의 전폭적인 지원을 받아야 과학 활동이 가능했던 갈릴레오를 비롯한 당대의 많은 과학자는 처세에 능해야 했죠.

전형적인 영국 신사 찰스 다윈(1809~1882년)은 어떻고요? 다윈은 사교를 즐기지는 않았습니다. 하지만 그 역시 자신의 성공에 도움이 될 만한 학계의 인맥을 관리하는 데 소홀하지 않았죠. 그가 수많은 논란을 불러일으킨 『종의 기원』(1859년)을 펴내고도, 학계에서 고립되기는커녕 그 위상이 높아진 데는 이런 배경이 있었습니다.

그렇다면, 도대체 대중문화 속에서 끊임없이 변주되는 과학자의 전형적인 이미지는 어떻게 만들어진 것일까요? 20세기의 천재 과학자 알베르트 아인슈타인(1879~1955년)의 영향을 빼놓고는 설명하기 어렵습니다. 그는 1905년 특허청 말단 직원으로 일하면서 틈틈이 논문을 발표합니다.

아인슈타인이 특허청에서 일하며 남는 시간에 발표한 논문들은 (특수) 상대성 이론, 광양자(빛 알갱이), 브라운 운동 등을 다루고 있습니다. 이 논문들은 상대성 이론, 양자 역학, 통계 역학과 같은 새로운 연구 방향을 제시하며 뉴턴을 따르던 시공간에 대한 인류의 생각을 송두리째 바꾸었죠. 오죽하면, 아인슈타인이 죽고 나서 그의 뇌에 집착하는 이들이 그렇게 많았겠어요.

하지만 앞에서 언급했듯이 과학의 역사에서 아인슈타인과 같은 천재 과학자는 굉장히 예외적입니다. 힉스 입자는 좋은 예입니다. 비록 노벨상은 피터 힉스와 프랑수아 앙글레르에게 돌아갔지만, 실제로 두 사람을 포함한 여럿이 동시에 힉스 입자의 존재를 예견했습니다. 즉 힉스 입자의 필요성을 강변한 표준 이론 역시 여러 과학자의 공동 작품이었던 셈입니다.

힉스 입자의 존재를 확인한 세른의 LHC 실험을 염두에 두면 상황은 더욱더 복잡해집니다. 2014년 6월 22일 《네이처 피직스》에 세른 팀이 발표한, 힉스 입자의 존재를 확인하는 새로운 증거에 대한 논문을 보면, 공동 저자의 목록만 15쪽입니다. 실제로 힉스 입자의 존재를 확인하는 실험에는 전 세계 각국에서 모인 수천 명의 과학자가 협력했지요.

이렇게 오늘날 과학은 수많은 과학자의 협력 없이는 유지될 수 없습니다. 그리고 이런 경향은 앞으로도 더욱더 가속화될 것입니다. 왜냐하면, 현대 과학이 갈수록 실험 도구에 의존하는 경향이 증가하고 있기 때문입니다. 그리고 실험 도구 중 어떤 것은 LHC처럼 엄청나게 규모가 큰 것도 있습니다. 이런 실험 도구는 본전을 뽑기 위해서도 수많은 과학자가 이용을 해야죠.

이번에 세른에서 LHC 실험을 통해서 힉스 입자를 확인한 일은 과학의 변화를 보여 주는 상징입니다. 물론 앞으로도 과학에서 이론은 중요한 역할을 하겠죠. 하지만 그 비중은 아인슈타인과 같은 천재가 홀로 사색하며 논문을 쓰던 때보다 크게 작아질 것입니다. 그리고 어쩌면 앞으로 나올 과학 이론은 실험이 가리키는 방향에 더욱더 의존해야 할지 모릅니다.

그러니 이제는 과학자를 꿈꾸는 어린 친구들에게 꼭 필요한 능력 중 하나가 소통 능력입니다. 아무리 똑똑하다고 한들 동료 과학자와 소통에 어려움을 겪는다면 결코 성공할 수 없기 때문입니다. 더구나 소통 능력 없이는 정부나 기업 그리고 더 나아가서는 시민을 상대로 자기 연구의 필요성을 설득해서 후원을 받을 수도 없겠죠. 이젠, 아인슈타인을 잊을 때입니다.

7

핵에너지

핵 발전소 없는 여름을 꿈꾼다

윤태웅
고려 대학교
전기 전자 공학부
교수

이종필
건국 대학교
상허 교양 대학 교수

이명현
과학 저술가 /
천문학자

강양구
《코메디닷컴》
콘텐츠 본부장

2013년 6월에 큰일이 있었습니다. 에너지 정의 행동이 한국 전력 등의 자료를 분석해 보니, 우리나라의 전력 생산에서 핵 발전이 차지하는 비중이 1985년 이후 28년 만에 25퍼센트 이하로 떨어졌습니다. 2011년과 2012년에는 연간 핵 발전 비중이 각각 29.9퍼센트와 28.3퍼센트로, 역시 1985년 이후 최초로 30퍼센트 미만으로 떨어지기도 했습니다.

그럴 만했습니다. 6월 한 달 내내 가동한 핵 발전소는 전체 23기 중에서 단 13기에 불과했습니다. 한국 수력 원자력의 불량 부품 스캔들, 월성 1호기 수명 만료 등을 이유로 핵 발전소 10기가 가동을 중단했죠. 이런 사정을 염두에 두고 초여름까지만 하더라도 "심각한 전력난"을 우려하는 목소리가 컸습니다. 하지만 그해 여름에 "심각한 전력난" 따위는 없었죠.

어렸을 때부터 핵에너지로 움직이는 로봇 '아톰'에 열광하며 "원자력 에너지는 미래 에너지" 같은 메시지를 주입받다 보니, 우리는 어느새 핵 발전소 없는 미래는 생각조차 하지 못하는 신세가 되었습니다. 가장 대표적인 인물이 핵 발전소 수출에 그토록 열심이었던 이명박 전 대통령이죠.

하지만 어떻습니까? 당장 대한민국이 멈추기라도 할 것처럼 언론은 호들 갑을 떨었지만 핵 발전소 10기가 멈춰도 큰일은 없었습니다. 이명박 정부는 2030년까지 핵 발전 비중을 59퍼센트로 늘리는 정책을 추진했습니다. 하지만 이른바 '핵 마피아'라 불리는 이들의 자충수 탓에 오히려 핵 발전 비중은 그 절반에도 못 미치는 25퍼센트 미만으로 떨어졌죠.

세계도 숨 가쁘게 움직이고 있습니다. 후쿠시마 사고 이후에 독일은 2022년까지 핵 발전소를 완전 폐쇄할 계획입니다. 당연히 핵 발전소에서 생산했던 전기를 대체할 태양, 풍력, 바이오매스 등 재생 가능 에너지 보급에 박차를 가하고 있죠. 2013년에는 이런 재생 가능 에너지로 만든 전기의 비중이 25.4퍼센트에 이르러 16퍼센트 정도의 핵 발전소 전기를 압도했습니다.

'REN21(Renewable Energy Policy Network for 21st Century)'의 보고서를 보면, 2013년 기준으로 재생 가능 에너지는 전 세계 발전 용량 중에서 22퍼센트를 차지하고 있습니다. 2013년 새롭게 전기를 생산하는 발전소 중에서 재생 가능 에너지가 차지하는 비중은 무려 56퍼센트나 됩니다.

특히 중국(!)의 움직임이 눈에 띕니다. 중국은 2013년 한 해에만 12기가와트의 태양광 발전기를 설치해서 태양광 발전 용량 순위에서 독일에 이어서 2위(5위→2위)로 올라섰습니다. 풍력 발전 용량 역시 기존 75기가와트에 16기가와트를 더해서 세계 1위 자리를 고수했습니다. (물론 중국은 한반도와 마주 보는 서해의 해안을 따라 여러 기의 핵 발전소를 짓고 있습니다.)

자, 이런 상황을 어떻게 바라봐야 할까요? 대한민국은 지금 심각한 선택의 기로에 서 있습니다. 여기서 핵 발전의 비중을 더 줄인다면 우리는 독일의 길을 좇아 핵 발전소와 작별할 가능성을 모색할 수 있습니다. 하지만 이명박 정부의 계획을 좇는다면 우리는 전력의 75퍼센트를 핵 발전소에 의존하는 프랑스의 길을 뒤따를 것입니다.

이번 '과학 수다'는 여러분의 선택을 돕고자 핵폭탄과 핵 발전의 기본 원리부터 시작해서 핵 발전의 문제점 그리고 그것으로부터 벗어날 가능성까지 살펴보았습니다. 핵 발전소 같은 대형 기계 장치의 안정성이나 제어 메커니즘을 연구하는 제어 공학자 윤태웅 고려 대학교 교수, 물리학자 이종필 박사, 천문학자 이명현 박사, 강양구 기자가 핵에너지에 대한 애증을 가감 없이 드러내며 수다에 참여했습니다.

이제 여러분이 자신의 선택을 말할 차례입니다.

원자력 에너지 vs. 핵에너지

강양구　이번 '과학 수다' 주제는 핵에너지입니다. 그런데 수다를 시작하기 전에 배경 설명을 좀 해야 할 것 같아요. 애초 후쿠시마 사고가 일어났던 (2013년) 3월이 아닌 8월의 주제로 핵에너지를 선택한 데는 이유가 있습니다. 핵 발전소 사고와 같은 묵시록적 사건에서 좀 거리를 두고서 핵에너지를 살펴보자는 의도예요.

이명현　그런데 세상 일이 마음대로 되지 않죠. 지금 이 시점에는 핵 발전소 불량 부품 스캔들이 일어나서 난리법석이니까요. 반핵 운동 진영에서나 통용되던 '핵 마피아'를 보수 언론은 물론이고 정부 인사도 사용하는 상황이니 격세지감입니다. (웃음) 아무튼 오늘은 애초 기획 의도대로 조금은 간깐하게 핵에너지의 이모저모를 살펴보겠습니다.

강양구 우선《프레시안》과 같은 매체에서는 '원자력 발전소' 혹은 '원자력 에너지'보다는 '핵 발전소' 또 '핵에너지'와 같은 용어를 선호합니다. 저부터 웬만하면 '핵 발전소' 또는 '핵에너지'라고 사용하죠. 왜냐하면, '원자력 발전소' 또는 '원자력 에너지'라는 표현이 부정확하다고 생각하기 때문입니다. 이 얘기부터 해 보면 어떨까요?

이종필 핵에너지나 원자력 에너지, 핵 발전이나 원자력 발전, 핵폭탄이나 원자 폭탄……. 모두 한 가지 실체를 가리키는 용어입니다. 그 뿌리는 모두 핵에너지에서 비롯된 것인데요. 일단 가장 기본적인 것, 그러니까 원자부터 다시 한번 살펴보죠. 19세기 후반까지만 하더라도 물질을 구성하는 최소 단위를 '원자'로 여겼어요.

그러다 1897년에 영국의 조지프 존 톰슨(1856~1940년)이 전자를 발견하면서, 원자 안에 더 작은 물질로 이뤄진 구조가 있다는 사실이 밝혀집니다. 그리고 최근 힉스 입자를 발견하기까지 그 구조를 해명하고자 수많은 과학자들이 노력했죠. 지금은 어느 정도 그 비밀의 문 앞에 다가선 느낌이고요.

톰슨에 이어서 1911년 어니스트 러더퍼드(1871~1937년)가 원자핵을 발견합니다. 그래서 양전기를 띤 원자핵 주위에 음전기를 띤 전자가 분포하는 원자의 기본 구조가 확립되죠. 사실 원자핵의 본질은 양전기를 띤 입자들이 결합력으로 뭉쳐 있는 거예요. 지금 우리가 얘기하는 핵에너지의 원천이 바로 이 원자핵을 구성하는 입자들 사이의 결합력입니다.

강양구 그 결합력이 바로 '핵력'이죠. 그리고 그 핵력이 깨질 때 방출되는 에너지가 바로 핵 발전소나 핵폭탄의 원천인 핵에너지고요.

이종필 맞아요. 핵 발전소의 연료인 우라늄은 원자 번호가 92번이잖아요. 이 원자 번호는 바로 원자핵을 구성하는 양성자의 숫자거든요. 그러니까 우라늄은 양전기를 가진 양성자가 92개 뭉쳐 있는 거예요. 거기다 원자핵을 구성하는 전기를 띠지 않는 중성자 약 140개가 붙어 있죠.

이렇게 원자핵을 구성하며 뭉쳐 있는 양성자, 중성자를 '핵자(nucleon)'라고 부르죠. 240개가 넘는 핵자가 뭉쳐 있는 우라늄 원자핵이 쪼개질 때 나오는 에너지를 이용하는 게 바로 핵에너지입니다. 그러니까 정확히 말하면 흔히 쓰는 '원자력 에너지'가 아니라 '핵에너지'가 맞아요.

> 핵 발전소는 굉장히 복잡한 인공물입니다. 보강된 안전망은 핵 발전소를 더욱 더 복잡하게 만들었죠.

이명현 핵에너지, 핵폭탄이 정확한 표현이군요.

이종필 그런데 어찌된 일인지 '원자력'은 '원자력 에너지'나 '원자력 발전소'처럼 긍정적인 이미지로 쓰이고, '핵'은 '핵무기'나 '핵폭탄'처럼 부정적인 이미지로 쓰이죠. (웃음) 이미 널리 쓰이고 있는 '원자력 에너지'나 '원자력 발전소'를 굳이 부정할 필요는 없겠지만, 정확한 용어가 '핵에너지'나 '핵 발전소'라는 사실은 알아야죠.

윤태웅 물리학자들 사이에서는 어떻습니까?

이종필 물리학자들도 '원자력 에너지', '핵에너지'를 혼용해서 사용합니다. 하지만 엄밀히 구분을 해야 할 경우에는 '핵에너지'를 사용하죠.

'핵 배낭' 테러가 가능한 까닭은?

이명현　그럼, 이제 어떻게 핵에너지가 만들어지는지 좀 더 자세히 살펴보죠.

이종필　원자 번호가 92인 우라늄의 예를 들어 보죠. 아까도 얘기했듯이 원자 번호는 양성자의 숫자와 똑같습니다. 그러니까 우라늄의 원자핵 속에는 양성자가 92개 들어 있죠. 이 양성자의 숫자와 원자핵을 구성하는 또 다른 요소인 중성자의 숫자를 합쳐서 '질량수'라고 부릅니다. 그러니까 질량수=양성자의 수 +중성자의 수인 것이죠.

강양구　언론에서 "우라늄 235", "우라늄 238" 이렇게 쓸 때, 우라늄 뒤에 붙는 숫자가 바로 질량수죠?

이종필　맞습니다. 그러니까 우라늄 235는 양성자 92개와 중성자 143개로 구성된 원자핵을 가지고 있는 거죠(235=92+143). 우라늄 238은 양성자 92개와 중성자 146개로 구성된 원자핵을 가지고 있는 거고요(238=92+146). 그런데 생각해 보세요. 중성자야 전기를 띠고 있지 않지만, 양성자는 하나하나가 다 양전기를 띠고 있어요.

양전기를 띠는 양성자가 92개나 뭉쳐 있으니 마치 자석이 같은 극끼리 밀어내듯이 자기끼리의 반발력이 크겠죠. 그런데 그런 전기적 반발력을 압도하는 어떤 힘이 그것을 모조리 묶어서 원자핵을 만들어 내거든요. 이 힘이 바로 양성자, 중성자를 강하게 묶어 주는 '강한 핵력(strong nuclear force)'입니다.

일본의 유가와 히데키(1907~1981년)가 바로 이 '강한 핵력'과 그것의 작동 방식을 설명하는 이론을 최초로 제안해, 1949년 일본인 최초로 노벨 물리학상을 받았습니다. 강한 핵력은 전자기력보다 100배 정도 셉니다. 그래서 양성자끼리의 반발력을 누를 수 있는 거죠. 그런데 우라늄의 양성자가 거의 100개에 가까운 92개잖아요.

강양구 양성자 92개가 서로 밀어내니 아무리 강한 핵력이 있더라도 약간 불안정하겠죠.

이종필 맞습니다. 이런 우라늄에 외부에서 충격을 주면 강한 핵력이 더 이상 양성자나 중성자를 잡아 주지 못하는 상황이 발생하죠. 원자핵이 깨지는 겁니다. 바로 이렇게 우라늄의 원자핵이 깨지는 현상을 1938년에 발견한 과학자가 독일의 오토 한(1879~1968년)입니다. 이런 현상 자체도 경이로운 일이죠.

이명현 원자핵을 쪼개서 새로운 종류의 원자가 만들어지는 현상이잖아요.

이종필 네, 이게 바로 연금술이거든요! 그리고 곧 과학자들은 이때 방출되는 에너지로 상상을 초월하는 파괴력을 가진 폭탄을 만들 수 있다는 사실을 알게 되죠. 대표적인 과학자가 바로 알베르트 아인슈타인 등과 함께 미국 대통령 프랭클린 루스벨트에게 핵폭탄의 위험을 경고한 레오 실라르드(1898~1964년)입니다.

반복하지만 이 에너지가 바로 핵에너지의 원천입니다. 우라늄처럼 덩치가 큰 원자에 전기를 띠지 않는 중성자로 외부 자극을 주면, 우라늄의 원자핵이 쪼개져 다른 원소로 바뀌면서 엄청난 양의 에너지가 방출됩니다. 바로 그 에너지를 핵폭탄 혹은 핵 발전소에서 쓰고 있는 것이죠.

강양구 여러 원자 중에서 특히 우라늄을 사용하는 이유는 그것이 비교적 쉽게 깨지기 때문이죠?

이종필 맞아요. 그렇게 원자핵이 쪼개지는 현상을 바로 '핵분열(fission)'이라고 부릅니다. 그리고 중성자를 포격하면 원자핵이 쉽게 쪼개지는 성질을 가진 원자를 '핵분열성 원자(fissionable atom)'라고 부르죠. 그런데 이런 핵분열성 원자 중에서 '피사일(fissile)'한 성질을 가진 게 있어요.

핵력이 깨질 때 방출되는 에너지가 바로 핵발전소나 핵폭탄의 원천인 핵에너지입니다.

원자핵을 중성자로 포격하면 원자핵이 쪼개지죠. 그런데 원자핵이 쪼개지면서 쏟아져 나오는 중성자가 또 다른 우라늄 원자핵을 쪼개는 거예요. 그리고 거기서 쏟아져 나오는 중성자가 또 다른 우라늄 원자핵을 쪼개고. 이런 연쇄 반응이 바로 '피사일'한 성질입니다.

자연계에 존재하는 천연 우라늄의 경우에는 우라늄 238이 99.3퍼센트입니다. 이 우라늄 238보다 중성자가 3개가 모자란 우라늄 235가 0.7퍼센트예요. 우라늄 238 역시 방사성 물질이긴 합니다만, 원자핵을 쪼개려면 고에너지 중성자로 때려야 할 뿐만 아니라 쪼개지고 나서도 거기서 나오는 중성자의 양이 많지 않아요.

강양구 '피사일'하지 않군요.

이종필 맞아요. 그런데 우라늄 235는 위험한 물질입니다. 저에너지 중성자로 때려도 원자핵이 쉽게 쪼개질 뿐만 아니라, 거기서 나오는 중성자 개수가 많습니다. 이 중성자가 다시 옆에 있는 우라늄 원자핵을 때리고, 또 거기서 나오는 중성자가 다시 우라늄 원자핵을 때리고⋯⋯. 그러니까 비유하자면, 우라늄 235는 불이 한 번 붙으면 끝없이 타오르는 굉장히 위험한 물질이죠.

이명현　거기서 나오는 에너지가 엄청나게 크잖아요. 그런데 왜 그렇게 엄청난 에너지가 나오는 건가요?

이종필　여기서 그 유명한 아인슈타인의 $E=mc^2$이라는 공식이 나오죠. 그러니까 우라늄 원자가 가지고 있었던 질량과 원자핵이 쪼개지고 나서 생긴 원자의 질량의 차이(m)에 빛의 속도($c=2.99792458\times10^8 m/s$)를 곱한 만큼의 에너지($E$)가 나온다는 겁니다.

여기서 중요한 건 질량의 차이가 크지 않더라도, 일단 광속이 큰 값이고, 게다가 원자핵의 개수가 엄청나게 많다는 것입니다. 아주 거칠게 계산을 해 보면, 우라늄 235의 경우에는 양성자와 중성자가 235개 있어요. 양성자 1개의 질량이 10^{-27}킬로그램입니다. 그게 한 100개 있으면 10^{-25}킬로그램인데, 그램으로 환산하면 10^{-22}그램입니다. 그럼, 우라늄 1그램 안에는 대략 10^{22}개의 원자핵이 있다는 거잖아요?

그러니까 원자핵 하나가 분열할 때는 미미한 에너지가 나오더라도, 우라늄 1그램 속에서만 10^{22}개만큼의 에너지를 얻는 거니까, 그 양이 엄청나죠. 바로 그렇게 엄청난 에너지를 순간적으로 방출시킬 때 동반되는 상상을 초월하는 파괴력이 바로 핵폭탄의 실체입니다.

강양구　듣고 보니, 우라늄 핵폭탄 만들기가 아주 쉬울 것 같군요. (웃음)

이종필　실제로 그래요. (웃음) 우라늄 235로 폭탄을 만드는 일은 굉장히 쉬워요. 순수한 우라늄 235를 임계 질량이라고 하는 특정한 질량 이상으로 모아서 뭉쳐 놓으면 자기들끼리 연쇄 핵분열을 일으키면서 폭발합니다. 그런데 그 임계 질량이 고작 52킬로그램이에요. 그러니까 순수한 우라늄 235 약 50킬로그램만 있으면 핵폭탄을 만들 수 있는 거죠.

이 우라늄 235는 순식간에, 즉 한 100만분의 1초 동안 80세대까지 내려갑니다. 한 번 핵분열을 할 때 중성자가 2개가 나온다고 가정하면, 순식간에 2^{80}개의 중성자가 생기는 거예요. 2^{80}개의 중성자가 원자핵을 무차별 포격하며 에너지를 만드는 장면을 생각해 보세요. 그 짧은 시간에 갑자기 엄청난 에너지가 뿜어져 나오니 폭탄이 되는 거죠.

강양구 1945년 8월 6일 일본 히로시마에 투하된 핵폭탄이 바로 이렇게 만들어진 우라늄 235 폭탄이었죠?

이종필 맞아요. 실제로 히로시마에 떨어뜨린 우라늄 핵폭탄은 사전 폭발 실험도 안 했어요. 우라늄 235를 30킬로그램, 40킬로그램 이렇게 따로 분리해 놓은 다음에, 나중에 투하할 때 재래식 폭탄을 터뜨려서 둘을 임계 질량 이상으로 합치는 거예요. 그럼, 그 순간부터 핵분열이 일어나서 '펑' 터지는 거죠.

강양구 흔히 언론에서 "우라늄 농축"이라는 표현을 사용하는데, 그것이 바로 천연 우라늄에서 우라늄 235만 추출하는 과정이죠?

이종필 맞습니다. 바로 그 우라늄 농축만 제대로 할 수 있으면 우라늄 핵폭탄 만드는 일은 정말 쉽죠. 그런데 우라늄 농축은 굉장히 품이 많이 들어가는 일이죠.

강양구 맨해튼 프로젝트 때도 그 우라늄 농축에 굉장히 많은 인력과 시설이 필요했던 것으로 알고 있습니다.

이명현 그럼, 핵분열의 원인이 되는 중성자가 많아지거나 혹은 임계 질량 자체가 작아진다면 폭탄 크기를 작게 만드는 것도 가능하겠네요?

이종필 맞아요. 일정 수준 이상의 임계 질량이 필요한 이유가 바로 중성자 때문입니다. 질량이 늘어나면 질량 대비 부피는 줄어듭니다. 그럼, 자연스럽게 원자핵이 쪼개질 때 나오는 중성자가 밖으로 튕겨져 나가는 게 아니라 다른 원자핵을 포격할 확률도 커지죠. 그런데 이렇게 밖으로 튕겨져 나가는 중성자를 다시 안으로 돌려보낼 수만 있다면 임계 질량을 줄일 수 있겠죠?

그래서 중성자 반사재를 씁니다. 베릴륨 같은 원소는 중성자를 반사하는 성질이 있어요. 이런 베릴륨을 집어넣으면 원자핵이 쪼개지면서 나온 중성자를 베릴륨이 반사해서 계속해서 안에서 원자핵을 포격하도록 만듭니다. 이런 반사재를 이용해서 임계 질량을 4분의 1 정도로 줄일 수 있어요. 그래서 실제로 우라늄 235 폭탄은 15킬로그램 정도면 충분합니다.

강양구 그러니까, 영화나 드라마에서 나오는 핵 배낭은 이런 반사재를 넣어 임계 질량을 낮춘 거군요.

이종필 그런 핵 배낭은 대부분 플루토늄 폭탄입니다. 플루토늄은 핵 분열할 때 중성자가 3개 나와요. 그러니까 임계 질량이 우라늄 235보다 적습니다. 반사재까지 사용하면 임계 질량이 6킬로그램 정도예요. 플루토늄은 밀도가 높기 때문에 6킬로그램이 350밀리리터 생수병에 들어갈 수 있습니다. 물론 플루토늄 폭탄은 우라늄 폭탄보다 만들기가 힘들죠.

핵 발전소도 '펑' 하고 폭발할까?

강양구 핵 발전소도 핵폭탄과 다를 게 없죠? 다만 우라늄 235의 농도만 낮춘 것뿐이죠?

이종필 그렇습니다. 핵 발전소 핵 연료봉 안에 들어 있는 우라늄 235는 2~5

퍼센트 정도예요.

강양구 흔히 핵 발전소 사고가 일어나면 핵폭탄이 터지듯이 폭발하는 상황을 연상하는데, 절대로 핵 발전소가 '펑' 하고 폭발하는 일은 없다고 들었어요.

이종필 핵폭탄처럼 폭발하지 않아요. 왜냐하면 우라늄 235의 농도가 굉장히 낮기 때문이죠. 맨 처음 원자로를 만든 사람이 이탈리아 출신으로 파시즘 체제를 피해서 미국으로 망명한 엔리코 페르미(1901~1954년)입니다. 그런데 페르미는 아예 전혀 농축하지 않은 천연 우라늄을 그 연료로 사용했어요. 천연 우라늄 속에는 우라늄 235가 약 0.7퍼센트 들어 있죠.

핵폭탄과 핵 발전소는 알코올에 비유할 수 있을 것 같아요. (웃음) 순도가 높은 알코올은 램프의 원료가 되잖아요. 불을 붙일 수 있죠. 그게 바로 핵폭탄입니다. 알코올 농도가 4도 정도 되면 음료수처럼 마실 수 있는 맥주가 되잖아요. 그게 바로 핵 발전소죠. 맥주에다 아무리 불을 붙이려고 해도 불이 붙지 않잖아요.

강양구 우라늄 235의 양이 적을 뿐만 아니라 감속재도 넣잖아요? "경수로" 할 때 그 경수가 바로 감속재죠.

이종필 경수는 그냥 보통 물(H_2O)입니다. 경수로의 경우에는 이 경수가 감속재, 그러니까 중성자의 속도를 늦추는 역할을 합니다. 제어봉도 중요하죠. 제어봉은 중성자를 흡수하는 카드뮴, 붕소 등으로 만듭니다. 이 제어봉으로 원자로 안에 있는 중성자의 숫자를 조절해서 연쇄 반응이 과하지 않도록 조절하죠.

우라늄 235는 한 번 불을 붙이면 꺼지지 않아요. 그러니까 정말로 효과적인 무기죠. 순간적으로 '쾅' 터뜨리면 도시 하나를 날려 버리는 건 시간문제니까요. 적절히 제어만 할 수 있다면 에너지원으로도 훌륭하죠. 연료 공급이 용이

하지 않은 곳에서 작전을 수행하는 항공 모함, 핵 잠수함의 동력으로 핵에너지가 각광받는 것도 이 때문입니다.

이명현　바로 이런 이유 때문에 핵에너지를 이용한 우주 탐사선도 선호되죠.

강양구　하지만 1956년 영국에서 최초로 상업 발전을 시작한 이후 핵에너지의 성적표는 그다지 좋지 않죠. 반세기가 넘었지만 (2015년 1월 15일 기준으로) 핵 발전소를 가동 중인 나라는 31개뿐입니다. 핵 발전소 숫자도 437기에 불과하죠. (한국은 23기로 핵 발전소가 다섯 번째로 많은 나라입니다.)

　1979년 스리마일 섬, 1986년 체르노빌, 2011년 후쿠시마 등 사고도 끊이지 않았고요. 우리는 핵에너지를 정말로 통제하고 있는 걸까요?

윤태웅　제어 공학을 공부하는 사람으로서 중요하게 여기는 사례를 하나 소개할게요. 한 공학자가 불확실성을 최소화할 수 있는 제어 장치를 설계했어요. 그리고 그 제어 장치의 변수를 동료 공학자에게 이메일로 전했습니다. 이 변수를 전달받은 공학자는 확인 삼아 똑같은 조건에서 다시 모의실험을 해 보기로 했죠.

　그러자 이상한 일이 벌어졌어요. 제어 장치가 불안정한 거예요. 알고 보니, 이메일로 변수를 전달하는 과정에서, 이를테면, 소수점 다섯 자리 이하 숫자를 생략해서 얘기해 준 게 원인이었어요. 아주 작은 양적 차이가 심각한 질적 차이로 나타난 겁니다. 제어 대상의 불확실성에 최대한 둔감하게 제어 시스템을 설계해 놓았는데, 의도하지 않았던 제어 장치의 사소한 변화가 정반대의 결과를 낳은 거죠.

　핵 발전소는 굉장히 복잡한 인공물입니다. 수많은 안전장치들이 사고 예방을 위해 상호 작용하죠. 방금 언급한 몇 번의 사고를 거치면서 핵 발전소의 안전망은 더욱더 보강되었습니다. 그리고 그런 보강된 안전망은 핵 발전소를 더욱

더 복잡한 인공물로 만들었죠. 그런데 이게 문제가 될 수도 있습니다.

요소 간의 상호 작용이 많아지면 많아질수록 예측 불가능성, 즉 불확실성이 더 커질 수도 있거든요. 체르노빌 사고나 후쿠시마 사고 같은 일이 반복될 가능성은 아주 낮습니다. 오히려 문제는 지금까지 일어난 사고들과는 전혀 다른, 예상치 못한 사고가 핵 발전소에서 발생할 수 있다는 것이에요. 지금과는 전혀 다른 종류의 사고, 이게 더 문제죠.

미션 임파서블, 10만 년의 봉인

이명현　이제 화제를 좀 바꿔 보죠. 핵 발전소의 문제점 중 딱 한 가지만 들라면 방사성 폐기물이죠.

윤태웅　맞습니다. 핵 발전소 자체는 심각한 사고의 위험이 항상 있지만, 어찌 됐든 제어가 가능한 인공물일 수도 있어요. 하지만 방사성 폐기물 문제는 정말로 답이 없어 보입니다.

강양구　후쿠시마 사고 이후에 한 달에 한두 차례씩 시민들과 핵 발전소를 놓고서 대화를 나눌 기회를 가지고 있어요. 그런데 다들 방사성 폐기물이 얼마나 심각한 문제인지 모르는 경우가 많더군요. 그래서 얘기를 해 주면 정말로 놀라시죠. 거의 무슨 귀신이라도 본 듯 경악을 하세요. (웃음) 일단 왜 방사성 폐기물이 골칫거리인지부터 알아보죠.

핵에너지나 원자력 에너지, 핵 발전이나 원자력 발전, 핵폭탄이나 원자 폭탄, 모두 한 가지 실체를 가리키는 용어입니다.

이종필 우라늄을 태우면 찌꺼기가 남아요. 그런데 이 찌꺼기가 몸에 굉장히 안 좋은 것들이에요. (웃음)

강양구 몸에 안 좋은 수준이 아니죠. (웃음)

이종필 네, 찌꺼기 중에는 플루토늄과 같은 방사성 물질이 있습니다. 그런데 플루토늄의 대부분을 차지하는 플루토늄 239 같은 경우는 반감기가 약 2만 4000년이에요. 반감기는 플루토늄 안에 들어 있는 방사능의 절반이 소진되는 기간을 확률로 계산한 거예요. 그러니까 2만 4000년이 지나도 플루토늄은 여전히 위험하죠.

강양구 『대통령을 위한 물리학』(장종훈 옮김, 살림, 2011년)으로 유명한 미국의 물리학자 리처드 뮬러는 대략 반감기가 30번 정도는 지나야 외부 환경에 해를 가하지 않는 수준으로 방사능이 떨어진다고 공언했더군요. 그러니까 플루토늄의 경우에는 거의 60만 년 동안 외부와 격리를 시켜야 한다는 얘기죠.

지금 고준위 방사성 폐기물 처분장 부지를 선정해서 건설 단계까지 간 나라는 전 세계에서 핀란드가 유일합니다. 핀란드는 이곳에 2020년부터 고준위 방사성 폐기물을 영구 저장할 계획입니다. 핀란드는 이곳에서 10만 년 정도 플루토늄과 같은 고준위 방사성 폐기물이 외부와 격리되어 있기를 희망하죠.

그런데 10만 년이 감이 오십니까? 10만 년 전에 지구에서 무슨 일이 있었는지 아세요?

이명현 10만 년 전이면……. (웃음)

강양구 우리의 조상인 현생 인류가 네안데르탈인과 유럽에서 조우했던 때가 바로 10만 년 전 즈음이라고 합니다. 네안데르탈인이요! (웃음) 그러니까 도대체

10만 년 동안 관리해야 할 위험한 쓰레기를 끊임없이 생산하는 핵 발전소를 우리가 용인해야 하는지 질문을 할 수밖에 없죠.

방사성 폐기물 처리에 관심을 갖고서 이것저것 찾아보면 머리가 더 복잡해집니다. 예를 들어, 지질학적으로 100퍼센트 안정된 곳을 찾아서 땅속 깊숙이 방사성 폐기물을 묻었다 칩시다. 그러면 이제 이런 고민이 생기는 거예요. "이곳에는 굉장히 위험한 물질이 묻혀 있으니 접근 금지!" 이런 경고를 해야 하잖아요? 그런데 그런 경고를 어떻게 할까요?

우리는 고등학교 국어 시간에 17~18세기에 쓰인 한글 작품을 선생님의 도움 없이는 해독할 수 없었잖아요. 언어는 200~300년만 지나면 해독하기 어려울 정도로 변하기 마련입니다. 그러니 방사성 폐기물을 처분한 곳을 수천 년, 수만 년 후에 지나갈 누군가에게 현대 언어로 경고를 하는 건 정말로 소용없는 짓이에요.

이명현 소용없는 짓이죠. (웃음)

강양구 몇 번 소개하긴 했습니다만, 움베르토 에코는 장클로드 카리에르와의 대담에서 이런 아이디어를 내놓았죠.

그냥 나 혼자만 해 본 생각입니다. 핵폐기물을 묻되, 매우 희석된 상태, 즉 방사능이 아주 약한 상태의 폐기물을 맨 위층에 두고, 점차로 방사능이 강한 층들을 깔아 나가는 겁니다. 만일 외계인(혹은 미래 세대)의 실수로 그 폐기물이 손이나 혹은 손처럼 사용하는 다른 기관이 닿는다 하더라도, 그는 단지 손가락 한 마디를 잃게 될 뿐입니다.

만일 더 해 본다면 손가락 하나를 잃게 되겠죠. 하지만 그가 더 이상 파 보겠다고 고집을 부리는 일은 없으리라고 확신할 수 있습니다. (『책의 우주』(임호경 옮김, 열린책들, 2011년), 198~199쪽)

오죽하면 에코가 이런 아이디어를 내놓았겠어요. 솔직히 저는 회의적입니다. 유일한 방법은 그 지역에 외부인이 접근하는 걸 아예 차단하고, 대를 이어서 그곳의 접근을 막는 집단을 만드는 방법뿐이라고 생각합니다. '원자력족(族)' 정도의 이름이 적당하겠군요. (웃음) 처음에야 접근 금지를 하는 이유를 알겠지만, 나중에는 '금기'만 남겠죠.

윤태웅 저도 비슷한 의견입니다. 사실 지난 수천 년 동안 인류가 해 온 일이 그런 거잖아요. 신화, 종교 같은 것도 사실은 다양한 방식으로 고대의 지혜를 전달하는 방법이고요. 방사성 폐기물을 놓고도 그런 방법이 거의 유일한 해법 같아요. 그런데, 과연 수천 년 이상 그런 전승이 가능할까요?

이명현 1977년에 발사한 우주 탐사선 보이저호가 갑자기 생각나네요. 보이저호는 지금 태양계 바깥쪽 어딘가를 외롭게 항해하고 있지요. 이 보이저호에는 항해 도중 만날지도 모르는 외계 지적 생명체에게 지구인의 존재를 알리고자 인간 그림, 수학 공식 또 한국어를 포함한 세계 59개 언어의 인사말, 지구 사진 등이 실린 황금 레코드가 실렸습니다.

고준위 방사성 폐기물 처분장을 둘러싼 논쟁을 보면서, 이 황금 레코드 제작 과정의 해프닝이 떠오릅니다. 우주 공간의 혹독한 환경에서도 황금 레코드가 견딜 수 있도록 해야 한다는 주장이 받아들여져서 이 황금 레코드는 수억 년을 견디도록 만들어졌거든요. 그래서 역설적으로 우리의 정보를 담은 골든 레코드는 우리가 사라진 뒤에도 남아 있게 되었어요.

그러니까 아예 인공 혜성 같은 걸 쏘면 어떨까요? (웃음) 주기적으로 지구를 방문해서 세계 곳곳에 묻혀 있는 고준위 방사성 폐기물이 얼마나 위험한지를 경고하는 거죠.

강양구 상당히 진지한 제안인 거죠? (웃음)

이명현　　그럼요. (웃음)

이종필　　과거 10만 년과 앞으로 10만 년을 단순 비교할 수 없다고 봅니다. 왜 냐하면, 이전에는 어쨌든 우리는 문자도 없었고 지금과 같은 과학 기술 문명도 없었죠. 방사성 폐기물을 안전하게 보관할지의 문제는 아까도 언급했듯이 결국 문명의 전승을 안정적으로 어떻게 할지와 연결됩니다. 옛날보다는 더 나은 방 법을 찾을 수 있지 않겠어요?

강양구　　언젠가 어느 자리에서 방사성 폐기물 처분장을 놓고서 걱정을 늘어놓 으니까, 한 분이 항의조로 이렇게 물으시더라고요. "공무원이 있는데 무슨 소리 야!" (웃음) 제발 공무원이 천년만년 방사성 폐기물을 잘 관리해 줬으면 좋겠습 니다.

윤태웅　　지금 이런 얘기 자체가 굉장히 행복한 상황을 전제한 것이죠. 방사성 폐기물 처분 방법을 찾고서, 일단 묻어 놓은 다음의 일을 걱정하는 거잖아요. 그런데 핵 발전소에서 지난 반세기 동안 배출한 방사성 폐기물을 과연 우리가 앞으로 100년, 200년 동안 안전하게 관리하며 생존할 수 있을까요? 이런 생각 이 들면 아득해집니다.

박근혜 대통령은 왜 '재처리'에 목매는가?

강양구　　막상 얘깃거리를 늘어놓고 보니 할 얘기가 산더미 같군요. 방사성 폐 기물을 걱정하면 곧바로 "재처리" 운운하는 분들이 있습니다. 재처리로 방사성 폐기물의 부피를 줄일 수 있을 뿐만 아니라, 차세대 원자로의 연료로도 다시 사 용할 수 있다는 주장인데요. 박근혜 정부가 추진하는 한미 원자력 협정 개정의 핵심도 이 재처리를 하자는 것이에요.

이명현　미국이 쉽게 용인하지 않을 것 같은데……. 도대체 왜 문제인가요?

이종필　핵폭탄의 원료가 되는 플루토늄 때문입니다. 현재 고준위 방사성 폐기물(사용 후 핵연료)로 재처리를 하는 나라는 영국, 프랑스, 일본, 러시아, 중국, 인도의 6개국뿐입니다. 영국, 프랑스, 일본 등은 이른바 '습식 재처리'를 하고 있어요. 이 방법으로는 핵폭탄의 원료가 되는 순도 높은 플루토늄을 쉽게 얻을 수 있죠.

강양구　애초 미국 등도 재처리를 했었는데 플루토늄 같은 물질이 테러 집단에게 악용될 가능성이 있기 때문에 이제는 더 이상 안 해요. 물론 미국은 이미 충분한 핵무기를 보유하고 있어서 굳이 더 많은 플루토늄을 축적할 이유가 없기 때문이기도 하죠. 우리나라에서 하겠다는 건 습식 재처리가 아니잖아요?

이종필　네, 우리나라는 미국을 설득하고자 '파이로-프로세싱(Pyro-processing)'이라는 '건식 재처리'를 추진하고 있습니다. 이 방법으로 재처리를 하면 플루토늄에 다른 불순물이 많이 섞여 있어서 핵폭탄의 원료로 곧바로 활용을 하지 못한다는 겁니다. 그런데 이렇게 불순물이 많이 섞인 플루토늄을 왜 만들지, 이런 의문이 곧바로 생기고요.

강양구　파이로-프로세싱 공장도 1개월 정도의 시간을 들여서 설비를 개조하면 플루토늄 단독 추출이 가능하다고 합니다. 또 파이로-프로세싱으로 재처리한 플루토늄 혼합물을 다시 한 번 습식 재처리를 하면 핵폭탄급의 플루토늄을 추출할 수 있죠. 그러니까 재처리는 사실상 핵폭탄으로 곧바로 연결되는 거예요.

이종필　하나 더 있죠. 많은 이들은 파이로-프로세싱이 고속 증식로 개발의 전 단계라고 생각합니다. 고속 증식로는 플루토늄을 원료로 하는 또 다른 방식의 원자로입니다. 한국, 일본, 프랑스 등에서 활발히 개발 중이고요. 일본에서는 몬주 고속 증식로가 문제가 된 적이 있었죠.

핵 발전소를 옹호하는 이들의 가장 큰 오류는 '모든 문제를 과학 기술이 해결할 수 있다.'는 맹신입니다.

윤태웅 몬주 고속 증식로는 실패한 프로젝트죠. 국내의 연구자들이 고속 증식로 같은 새로운 도전을 시도하려는 마음은 이해가 됩니다만…….

이종필 국내에서는 나트륨을 냉각재로 사용하는 나트륨 고속 증식로를 개발 중입니다. 그런데 나트륨은 사실 굉장히 위험한 물질이에요. 만약에 나트륨이 고속 증식로에서 폭발이라도 하면 정말 그 사태는 걷잡을 수 없겠죠. 몬주의 예에서 보듯이 고속 증식로는 기술적으로 불안정하고, 경제적으로도 비효율적이죠. 거기다 심각한 안전 문제까지 제기됩니다.

강양구 최근에는 우라늄 대신 토륨을 원료로 사용하는 핵 발전소 얘기도 나오더군요. 사실 애초 핵 발전을 시작할 때도 우라늄 대신 토륨을 원료로 쓰자는 얘기가 있었죠? 그런데 왜 토륨 핵 발전소는 좌초된 건가요?

이종필 핵폭탄을 만들 수 없으니까요. (웃음) 위험한 물질은 대개 질량수가 홀수예요. 우라늄 235, 플루토늄 239……. 토륨 232는 우라늄 238과 비슷해요. 한 번 불이 붙는다고 계속해서 타는 위험한 물질이 아닙니다. 그러니 발전을 하려면 중성자로 계속해서 때려 줘야 합니다. 그래서 초기에는 매력이 없었죠.
우라늄 235는 일단 불이 붙으면 계속해서 타는 데다, 플루토늄 같은 핵폭탄 원료도 부산물로 얻을 수 있잖아요. 하지만 최근에 핵 발전소의 문제점이 불거

지면서 토륨이 부상하고 있죠. 특히 인도는 토륨 매장량이 많대요. 그래서 인도에서 토륨 핵 발전소를 열심히 연구하고 있습니다.

이명현　토륨 핵 발전소의 특별한 장점이 있나요?

이종필　1984년 노벨 물리학상을 받은 이탈리아의 입자 물리학자 카를로 루비아가 있어요. 이 루비아가 최근에 새로운 에너지로 토륨 핵 발전소를 강력히 지지하고 있어요. 루비아의 아이디어는 중성자 가속기로 만든 중성자를 대량으로 토륨에게 쏴 주면 상업적인 핵 발전이 가능하다는 것입니다.

그런데 토륨은 우라늄 235와는 달리 계속해서 핵분열 연쇄 반응을 하지 않아요. 그러니 상대적으로 안전하죠. 방사성 폐기물의 문제도 상대적으로 줄어든다고 알고 있어요.

윤태웅　현재의 핵 발전소가 문제가 많긴 하지만 재생 가능 에너지로 핵에너지를 대체할 수는 없다고 보는 이들에게는 토륨 핵 발전소가 매력적인 대안이 될 수도 있겠군요.

이종필　네, 앞으로 좀 더 관심을 가지고 볼 필요가 있을 것 같습니다.

강양구　어쨌든 우리나라에서 재처리에 목소리를 높이는 이유는 핵 무장 가능성을 높이는 것과 불가분의 관계거든요. 대놓고 말하지는 못하지만 재처리를 주장하는 분들의 마음 한구석에는 '우리도 언젠가는 핵폭탄을 가져야 해!' 이런 게 분명히 똬리를 틀고 있고요. 그런 흐름에 비하면 토륨 핵 발전소를 대안으로 궁리하는 흐름은 훨씬 더 건강해 보이긴 합니다.

영화 「해운대」가 포착 못한 불편한 진실

이명현　이제 좀 얘기를 정리해야 할 때인 것 같은데요. 우선 여기 계신 분들은 모두 현재의 우라늄 235를 원료로 사용하는 핵 발전소에 회의적이죠?

이종필　핵 발전소가 주는 장점과 비교하면 그 단점이 너무 큰 것 같아요. 저는 부산이 고향입니다. 그런데 부산 기장군에 핵 발전소 단지가 있잖아요. 만약 이곳에서 사고가 일어나면 어떻게 될까요? 부산 인구만 350만 명이에요. 울산, 포항, 경주도 근처에 있습니다. 정말로 대난리가 날 거예요. 그래서 굉장히 보수적인 어머니도 막연한 불안감을 느낍니다.

강양구　그럴 만해요. 예를 들어, 영화 「해운대」가 2009년에 화제가 된 적이 있었죠? 그 영화의 마지막 장면은 지진 해일(쓰나미)이 지나고 나서 뭔가 안도하면서 끝나죠. 그 장면을 보면서 실소했었죠. 지진 해일이 해운대를 덮치면 고작 20킬로미터 떨어진 핵 발전소 단지는 무사하겠어요? 대재앙이죠. 실제로 2011년 후쿠시마에서 그런 재앙이 일어났잖아요.

윤태웅　다른 건 몰라도 방사성 폐기물만 놓고 봐도 핵 발전이 지속 가능하지 못하다는 건 분명해 보입니다. 하지만 그렇다고 재생 가능 에너지가 과연 핵 발전의 대안인지도 의문이에요. 지금부터 투자하고 연구해서 바람, 햇빛 등으로 최대한 효율적인 재생 가능 에너지를 얻는다고 하더라도 그것만으로 과연 핵 발전소를 대체할 수 있을지 의문이라는 거예요.

　과학 기술에 대한 관점의 일관성 문제도 짚고 싶어요. 핵 발전소를 옹호하는 이들의 가장 큰 오류는 '모든 문제를 과학 기술이 해결할 수 있다.'라는 맹신입니다. 그런데 아무리 과학 기술이 발달해도 분명히 해결할 수 없는 일이 있거든요. 방사성 폐기물은 그 대표적인 예죠. 그런데 이런 모습을 비판하는 핵 발전소 반대자는 어떤가요?

혹시 그들도 재생 가능 에너지를 놓고는 똑같은 맹신을 하는 건 아닐까요? 재생 가능 에너지가 모든 걸 해결할 수 없을 텐데, 모든 걸 낙관적으로만 보려는 역편향이 있는 거예요. 그런 점에서 우리는 앞으로 무엇을 알 수 없는지 또 할 수 없는지를 좀 더 고민해야 한다고 생각합니다. 과학 기술 시대를 살아가는 우리의 기본자세가 그런 접근이라고 생각해요.

강양구 중요한 지적입니다. 기왕에 과학 기술을 대하는 태도 문제가 나왔으니까, 저는 좀 다른 얘기를 덧붙여 볼게요. 언젠가 서울 대학교의 최무영 교수님께서 상기시켜 준 내용입니다. 우리는 언젠가부터 핵 발전소를 최신의 하이테크로 인식하는 경향이 있는 것 같아요. 박근혜 대통령이 그렇게 "창조"를 외치면서 핵 발전소에 집착하는 것도 그런 맥락이겠죠.

그런데 사실 핵 발전소의 기본 원리는 우라늄을 태울 때 나오는 열로 물을 끓여서 증기를 발생시키는 데서 시작하거든요. 그 증기로 발전기의 터빈을 돌리는 겁니다. 증기로 터빈을 돌린다, 익숙하죠? 맞습니다. 증기 기관이죠. 우라늄을 태우는지 화석 연료를 태우는지만 다를 뿐 물을 끓일 때 나오는 증기로 터빈을 돌리는 기본 원리는 화력 발전소와 다를 게 없어요.

그러니 핵 발전소는 올드테크입니다. 올드테크가 꼭 나쁜 건 아니죠. 하지만 이런 올드테크에 집착하는 것이 새로운 혁신을 가로막는 측면은 분명히 있어요. 만약에 지난 수십 년간 핵 발전소 개발에 쏟은 노력을 재생 가능 에너지를 비롯한 더 깨끗하고 더 효율적인 에너지원을 찾는 데에 들였다면 지금 세상은 분명히 달라졌으리라 확신합니다.

독일은 좋은 예죠. 독일은 2022년까지 핵 발전소를 완전히 폐쇄하기로 결단을 내렸죠. 애초 전 세계의 재생 가능 에너지 산업을 선도하는 나라이긴 했지만, 이런 결단 이후에 재생 가능 에너지의 혁신이 눈부셔요. 바람, 햇빛 에너지의 단점을 차근차근 극복하면서 총 소비 에너지의 50퍼센트 이상을 재생 가능

에너지에서 얻는 미래를 준비하고 있어요.

독일이냐? 프랑스냐? 선택의 갈림길

이명현　그럼, 여기서 우리만의 탈핵 시나리오를 한 번 그려 볼까요? 환경 단
체나 녹색당에서 주장하듯이 2030년까지 핵 발전소를 폐기하면 좋겠지만 현
실의 역관계를 고려하면 실현 가능성은 없을 것 같아요. 어디서부터 이 고리를
풀어야 할까요? 혹시 아이디어가 있으세요?

윤태웅　찬핵, 탈핵 이렇게 나누는 건 바람직하지 못한 것 같아요. 전력 문제를
고민하는 분들 중에서도 분명히 더 이상 핵에너지에 의존하는 건 문제가 있다
고 생각하는 이들이 있습니다. 그런데 이 분들에게 찬핵이냐, 탈핵이냐 입장을
강요하는 게 과연 효과적인 전략일지 의문인 거죠.

　　더구나 지적 호기심 때문에 핵에너지를 연구하는 이들도 있지 않겠어요? 이
들에게 갑자기 '핵 마피아' 딱지를 붙이면 오히려 반감만 더 사겠죠. 핵에너지
의 문제점에 대해서 가능한 한 최소한의 합의를 할 수 있는 이들이 연대해서 같
이 할 수 있는 구체적인 일을 찾아보는 데서 시작해야 하지 않을까요?

이종필　그러니까, 이런 질문부터 해 보면 어떨까요. 지금 한국 사회가 동의할
수 있는 핵 발전소의 최대치는 몇 개일까? 지금은 23기가 가동 중이잖아요.

강양구　지금도 한국은 국토 단위 면적당 핵 발전소 시설 용량을 따져 보면 단
연 세계 1위에요. 한국은 명실상부한 핵 발전 대국이에요. 2015년 1월 현재, 미
국(99기), 프랑스(58기), 일본(48기), 러시아(33기) 다음이 한국입니다. 중국(23기)
이 한국과 똑같고 인도(21기)가 그 뒤를 바짝 좇고 있지요. 한국은 또 5기를 추
가 건설 중이고요.

윤태웅　그러니까 이미 핵 발전소 밀집도가 세계 최고 수준인 상태에서 핵 발전소를 더 짓는 건 곤란하니 이제는 대안을 찾아보자, 이런 합의를 위한 노력을 시작하자는 거예요.

이종필　그런 합의가 불가능하다면, 한 발 더 양보해서 건설 중인 5기까지 포함해서 28기까지를 최대치로 하자는 식으로도 안 될까요?

강양구　일단 28기 중에는 노후화한 핵 발전소가 포함되어 있어요. 이제 그런 핵 발전소들이 계속해서 나옵니다. 그럼, 그 핵 발전소를 폐쇄하고 핵 발전 비중을 줄일 거냐, 아니면 그 핵 발전소를 폐쇄하는 대신 그 수준을 유지하기 위해서 새로운 핵 발전소를 이어서 지을 거냐의 문제가 또 제기됩니다. 당연히 핵 발전소 옹호론자들은 일정 수준을 유지하기 위해서라도 계속 지으려 하겠죠.

　　바로 이 지점에서 핵 발전소를 걱정하는 이들의 마음이 급해집니다. 왜냐하면, 지금 시설 용량 기준으로 보면 전체 전력의 35퍼센트 정도를 핵 발전소에 의존하고 있어요. 지금 수준이라면 핵 발전소 외에 다른 대안을 찾는 일이 가능합니다. 하지만 이 비중이 더 높아져서 50퍼센트까지 육박하면 어떨까요?

　　프랑스가 좋은 예죠. 프랑스는 현재 전체 전력의 75퍼센트를 핵 발전소에 의존하고 있습니다. 이런 프랑스는 '핵 발전소 없는 미래'를 생각하지 못합니다. 좌우 정치가 또렷하게 나뉘는 프랑스의 정치 지형 속에서 좌든 우든 유독 핵 발전소를 놓고는 한목소리예요. 강한 프랑스를 위해서는 핵 발전소가 꼭 필요하다는 겁니다.

방사성 폐기물을 처분한 곳을 수천 년, 수만 년 후에 지나갈 누군가에게 현대 언어로 경고를 하는 건 정말로 소용없는 짓이에요.

지금 한국은 딱 갈림길에 서 있어요. 독일로 가느냐 아니면 프랑스로 가느냐. 물론 현실만 놓고 보면, 프랑스로 갈 가능성이 높죠. 더 늦기 전에 정말로 사회적 대토론이 필요한 시점인데요. 정작 핵 발전소를 유지하거나 확대하려는 분들은 관심이 없는 것 같아서 답답할 따름이죠.

이종필 그러니까 지금 수준을 유지하는 정도로라도 타협을 할 수 있는 가능성을 찾아보자는 거죠. 50퍼센트가 넘지 않는 선에서 유지할 수 있도록.

강양구 그런 타협이 안 될 것 같아서 자꾸 딴죽을 걸게 되는데요. (웃음) 기왕 얘기가 나온 김에 하나만 더 짚고 갈게요. 개인적으로 제일 고민하는 핵 사고는 산둥 반도에 지어지는 핵 발전소들이에요. 중국은 현재 23기를 가동 중이고 26기를 건설 중인데, 그중 상당수가 산둥 반도에 모여 있어요.

만약 산둥 반도를 비롯한 중국 동해안, 그러니까 서해 연안의 핵 발전소에서 사고가 나면 어떨까요? 편서풍을 타고서 그 방사성 물질이 그대로 수도권을 덮치는 거예요. '황사'가 아니라 '핵사'가 한반도를 덮쳤을 때, 한국 사회가 정상적으로 유지될 수 있을까요? 사실 일본의 환경 단체가 한국 동해안의 핵 발전소를 우려 섞인 시선으로 보는 것도 똑같은 이유 때문이죠.

윤태웅 그 문제는 우리가 할 수 있는 게 없으니까요.

강양구 그래서 핵에너지의 문제는 한국, 중국, 일본이 공동으로 고민할 수밖에 없는 문제죠. 한국이 탈핵의 길로 나아가면 중국, 일본에게 긍정적인 영향을 줄 수도 있지 않을까요? 물론 지금 현실이 그렇듯이 그 반대로 서로 치킨 게임을 할 수도 있지만요. 그러다 큰일이 날 테고요.

이종필 핵 발전소뿐만 아니라 핵무기까지 넓혀서 생각해 봐도 그렇습니다. 사실 중국은 핵무기 보유국이고, 주변 국가들이 보기에는 미국의 핵우산 아래에 있는 한국과 일본도 사실상 핵무기 보유국이에요. 거기다 북한도 핵무기를 개발하려고 하죠. 사실 북한 핵무기는 큰 문제죠. 한반도가 항상 핵전쟁의 공포 속에서 떨어야 하니까요.

거기다 한·중·일 3국이 핵 발전소 경쟁까지 하고 있습니다. 우라늄 매장량이 풍부한 북한도 여기에 어떤 식으로든 가세하겠죠. 이런 상황에서 핵폭탄이나 핵 발전소에 대한 시민 그리고 박근혜 대통령을 비롯한 지도자의 인식이 너무 안이한 것 같아요. 일부 진보 진영 역시 마찬가지고요. 탈핵은 핵 발전소뿐만 아니라 핵무기를 거부하는 것까지 포함하거든요.

강양구   오늘 얘기를 나눠 보니 핵에 대한 입장을 정리하는 일은 정치, 경제, 사회, 문화 심지어 과학 등 전 분야에 걸쳐서 한국 사회의 수준을 재는 척도 같다는 생각이 들었습니다. 오늘 얘기 말고도 재생 가능 에너지의 한계, 전기 요금의 문제점 등 할 얘기가 한두 가지가 아닙니다만, 일단은 이 정도로 정리하죠. 오늘 주제넘게 말이 많아서 죄송합니다. (웃음)

이명현   현장에서 10년 넘게 고민하고 있으니, 그 정도는 참아 줄게요. (웃음) 다들 고생 많았습니다.

핵에너지, '희생'의 시스템

벌써 몇 년 전의 일입니다. 이명박 대통령이 직접 나서 아랍 에미리트에 핵 발전소 수출을 성사시켰다고 온 나라가 들썩이던 2010년 1월, 한국 원자력 문화 재단이 놀라운 여론 조사 결과를 발표했습니다. 이 조사 결과를 보면, '핵 발전소가 필요하다.'라고 답한 응답자가 93퍼센트(!)에 달했죠. 아마도 이 시점에 우리나라에서 핵 발전소에 대한 열광이 정점을 찍었을 거예요.

그런데 이 여론 조사 결과를 자세히 살펴보면 아주 흥미로운 대목이 있습니다. 이렇게 핵 발전소에 열광하는 이들에게 자신의 거주지 부근에 핵 발전소를 짓는 데 의견을 물었더니, '찬성'을 택한 응답자가 고작 31퍼센트에 불과했습니다. 이 31퍼센트의 응답자 중에도 실제로 핵 발전소가 들어선다면 머리띠를 묶고서 반대 운동의 맨 앞에 설 사람들이 많겠죠.

이 여론 조사 결과는 핵에너지를 둘러싼 가장 중요한 문제가 무엇인지 알려 줍니다. 만약 핵 발전소가 서울의 한강변, 하다못해 송도와 같은 인천 앞바다에만 있더라도 핵 발전소를 둘러싼 토론은 굉장히 달라졌을 거예요. 하지만 현실의 핵 발전소는 대부분 굳이 신경을 쓰지 않으면 보이지 않는 곳에 있습니다. 이 지점에서 우리는 핵에너지의 불편한 진실을 인정해야 합니다.

핵에너지는 '희생'에 기반을 두고 있습니다. 당장 2011년 3월 11일 후쿠시마 핵 발전소 사고만 봐도 그렇습니다. 후쿠시마 핵 발전소를 운영하는 곳은 도쿄 전력입니다. 알다시피, 후쿠시마는 일본 동북부 도호쿠 지방에 있습니다. 이곳에 전력을 공급하는 도호쿠 전력도 따로 있죠. 그런데 왜 후쿠시마 핵 발전소를 운영하는 주체는 도호쿠 전력이 아니라 도쿄 전력일까요?

맞습니다. 후쿠시마 핵 발전소에서는 도쿄 사람이 쓸 전기를 만들고 있었습니다. 1950~1960년대 일본의 산업화 과정에서 가장 소외된 지역이 바로 후쿠시마를 비롯한 도호쿠 지방입니다. 일본 정부는 이곳에 핵 발전소를 세우고 나서 수십 년간 그 전기를 도쿄 등으로 보냈습니다. 그리고 이곳은 지금 핵 발전소 사고로 미래를 기약할 수 없는 땅이 되었죠.

2012년 1월 16일, 밀양의 이치우 할아버지가 스스로 생명을 끊게 만들었던 송전탑은 어떤가요? 이 송전탑은 애초 새롭게 지어질 핵 발전소(신고리 3호기)의 전기를 수도권을 비롯한 전국 곳곳으로 보내고자 계획된 것이죠. 가능하면 사람들 눈에 띄지 않는 곳에 핵 발전소를 지으려다 보니, 그곳의 전기를 멀리까지 옮길 송전선과 송전탑이 필요해진 것입니다.

바로 그런 송전선과 송전탑의 피해는 이치우 할아버지처럼 밀양에서 농사를 지으며 고향을 지키던 60~70대 할아버지, 할머니에게 고스란히 전가됩니다. 2014년 9월 23일, 밀양 지역의 송전탑 69기는 모두 세워졌지만, 경상북도 청도를 비롯한 전국 곳곳에서 또 다른 송전탑으로 인한 희생이 예고되고 있습니다.

냉전 이후 1990년대부터 특히 유럽이나 미국에서 신규 핵 발전소 건설 움직임이 사실상 중단된 사정도 이와 무관치 않습니다. 국가 안보를 최우선에 두면서 시민의 희생을 강요하는 정치가 발붙일 곳이 사라졌으니까요. 이제 주민 몰래 군사 작전 강행하듯이 핵 발전소 건설을 밀어붙일 수 있는 나라는 중국, 북한 등과 같은 몇몇 나라를 제외하면 찾아볼 수 없습니다.

여기서도 독일의 경험은 의미심장합니다. 독일에서는 핵무기 확산 반대 운동, 체르노빌 사고 등의 여파로 1980년대 반핵 운동이 급성장합니다. (그 결과물이 바로 독일 녹색당입니다.) 그리고 이와 함께 에너지 정책에서 시민의 목소리가 차지하는 비중이 커지기 시작합니다. 그리고 그 결과가 바로 2022년까지 핵 발전소를 없애는 '에너지 전환' 실험이죠.

과학(기술)자 중에는 이런 이들이 많습니다. 과학자는 "과학적인 판단"만을 내놓을 뿐이고, 나머지는 "정치인의 몫"이라고요. 『대통령을 위한 물리학』, 『대통령을 위한 에너지 강의』(장종훈 옮김, 살림, 2014년)를 쓴 물리학자 리처드 뮬러가 그 대표적인 예입니다. 하지만 대통령이 자문을 구할 정도의 과학 문제는 대개 그 '자체로' 정치적일 경우가 많습니다.

전쟁의 와중에 태어나, 냉전의 와중에 성장한, 끊임없이 타인의 희생을 강요하는 핵에너지는 가장 대표적인 예입니다. 과학의 한구석에 깊이 새겨져 있는 정치를 제대로 인식하지 못할 때, 과학자의 '과학적인 판단'은 그 자체로 '정치적인 발언'이 되는 경우가 허다합니다. 핵에너지가 우리에게 주는 또 다른 교훈입니다.

3D 프린팅이
열어 줄 신세계

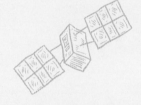
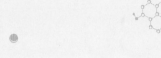

고산
타이드 인스티튜트
대표

김창규
SF 작가 /
번역가

김상욱
경희 대학교
물리학과 교수

이명현
과학 저술가 /
천문학자

강양구
《코메디닷컴》
콘텐츠 본부장

최근 몇 년간 과학 기술 분야의 가장 뜨거운 열쇳말 중 하나는 '3D 프린팅'입니다. 불과 3년 전만 하더라도 거의 들어 본 적이 없었던 3D 프린팅, 3D 프린터는 이제 신기술에 관심이 있는 이라면 누구나 입에 올리는 말이 되었죠. 구글에서 '3D Print'를 검색한 비율은 2011년 이후 지난 2년 사이 비약적으로 증가했습니다.

책의 사정도 다르지 않아요. 2013년에 『3D 프린팅의 신세계』(호드 립슨·멜바 컬만 지음, 김소연·김인항 옮김, 한스미디어, 2013년), 『3D 프린터의 모든 것』(허제 지음, 동아시아, 2013년), 『메이커스』(크리스 앤더슨 지음, 윤태경 옮김, 알에이치코리아, 2013년) 같은 책이 한꺼번에 나왔죠. 모두 다 3D 프린팅을 둘러싼 과거, 현재, 미래를 다룬 책입니다.

이중 『3D 프린팅의 신세계』는 수십 년 후의 미래를 이렇게 묘사합니다.

아침에 일어나는 것은 미래에도 여전히 어렵다. 갓 구운 통밀 블루베리 머핀 냄새가 부엌의 푸드 프린터에서 조금씩 나기 시작한다. 닿지 않은 유기농 머핀을 만들기 위해 당신이 사용하는 카트리지는 최고급품이다. 머핀의 레서피는 여러 유명 레스토랑이나 리조트의 수제 빵집들에서 다운로드할 수 있다. ……

인간의 장기를 대체할 수 있는 인공 신체 부품을 찍어 내는 일은 너무도 쉬워졌다. 고해상도 신체 스캐너의 가격이 지난 몇 년간 급속히 하락했다. 많은 사람이 유사시를 대비해 신체 스캐너를 사용해 20대 시절의 자기 몸을 스캔해서 데이터를 저장해 두려 한다. 만약 몸이 잘못되면 대체할 장기가 급히 필요해지기 때문이다.

SF 소설이나 영화 속의 한 장면이라고요? 그런데 사정이 그렇게 간단치 않습니다. 우리는 이미 3D 프린터를 이용해서 제작한 부품으로 조립한 불법 총기가 시중에 유통될 가능성을 걱정하고 있습니다. 개인에 맞춤한 틀니, 인공 치아(dental implant), 인공 턱뼈, 인공 고막 등을 3D 프린터로 찍어 낸 얘기는 더 이상 새로운 뉴스가 아니죠.

미국 스미스소니언 박물관은 소장한 진품을 3D 스캔해서 3D 프린터로 정교한 모조품을 만드는 프로젝트를 진행 중입니다. 관람객에게 진품 대신 똑같은 모조품을 전시하는 것이죠. 자동차 회사, 명품 회사의 디자이너는 더 이상 다음 시즌 신상품의 시제품을 시간을 들여서 플라스틱이나 점토로 만들지 않습니다. 3D 프린터로 찍어 내면 그만이죠.

3D 프린팅이 가능하게 한 이런 변화를 놓고서 어떤 이들은 '메이커(maker)' 즉 제조자의 부활을 점칩니다. 누구나 손쉽게 물건을 만들 수 있도록 돕는 3D 프린터가 대량 생산 대량 소비 시대에 사라진 메이커를 다시

부활시키리라는 것이죠. 자신이 원하는 물건을 스스로 만들어 쓰려는 '메이커 운동(maker movement)'은 그 징후라는 것입니다.

그런데 정말로 3D 프린팅이 새로운 산업 혁명을 촉발할까요? 이 역시 때만 되면 등장해서 장밋빛 기술이 세상을 바꿀 것이라 호언장담하는 기술 낙관론 아닐까요? 이런 질문에 답하고자 한국 최초의 우주인 후보로 유명한 고산 타이드 인스티튜트 대표가 3D 프린팅 가이드로 나섰습니다. 또 SF를 쓰는 김창규 작가는 3D 프린팅를 둘러싼 우리의 상상력을 자극합니다.

이번 대담은 3D 프린터가 끊임없이 무엇인가를 만들고 있는 서울 종로구 세운 상가의 '팹랩(FabLab) 서울'에서 진행되었습니다. 고산 대표가 운영하는 '팹랩 서울'은 새로운 아이디어를 가진 다양한 사람이 시제품을 만들 수 있도록 3D 프린터, 레이저 커터 등을 구비한 장소입니다.

플라스틱, 금속, 설탕으로 프린트하는 세상

강양구　오늘의 주제는 '3D 프린팅'입니다. 최근 몇 년 새 3D 프린팅에 대한 관심이 엄청나게 높아졌어요. 반응도 가지각색이죠. 『롱테일 경제학』으로 유명한 크리스 앤더슨 같은 사람은 새로운 산업 혁명의 주역이 될 것이라고 목소리를 높이는 반면에, 때만 되면 신기술을 놓고서 반복하는 호들갑이라고 회의적으로 보는 이도 있습니다.

이명현　오늘 이 자리는 그런 열광과 회의에서 한 걸음 물러나서 3D 프린팅의 이모저모를 꼼꼼히 살피고, 그 미래를 전망해 보는 자리가 되었으면 합니다. 그런데 정작 3D 프린팅 자체는 굉장히 오래된 기술이라면서요. 바로 여기서도 3D 프린터가 뭘 만들고 있긴 한데, 모양만 봐서는 꼭 1980년대의 도트 프린터를 보

는 것 같습니다. (웃음)

고산 사실 3D 프린팅 자체는 한 30년쯤 된 기술이에요. 미국의 양대 3D 프린터 제조 회사 3D 시스템스(3D Systems)가 1986년에, 스트라타시스(Stratasys)가 1989년에 세워졌으니까요. 지금 저기 있는 3D 프린터에 쓰이는 기술은 스트라타시스의 창업자 스콧 크럼프가 1989년에 발명한 것이죠.

앞으로는 정말로 시중에 판매하는 것과 똑같이 집에서 3D 프린터로 찍어 내는 게 가능해질 겁니다.

강양구 어떤 기술입니까?

고산 흔히 'FDM(Fused Deposition Modeling)'이라고 불리는 기술이죠. 괜히 어렵게 생각할 것 없어요. 2차원의 잉크젯 프린터와 비교해 볼까요? 잉크젯 프린터는 롤러로 이동하는 2차원 평면, 즉 종이 위에 X축과 Y축이 전후, 좌우로 움직이면서 잉크를 뿌려서 이미지를 출력합니다.

전체적인 개념은 잉크젯 프린터나 3D 프린터나 다르지 않아요. 다만, 3D 프린터에는 X축, Y축에 더해서 상하로 움직이는 Z축이 하나 더 있습니다. 예를 들어 이런 식입니다. 우선 X축과 Y축이 전후, 좌우로 움직이면서 작은 구멍으로 분사된 플라스틱 액체를 이용해 아주 얇은 막(레이어)을 쌓습니다.

그 다음에 상하로 움직이는 Z축이 약간 더 위로 올라갑니다. 그럼 다시 X축과 Y축이 움직이면서 플라스틱 액체를 기존의 레이어 위에다 추가로 분사하죠. 그렇게 한 층씩 쌓아 올려서 물건의 바닥부터 꼭대기까지 완성하는 거죠. 이 기술이 바로 'FDM'입니다. 그런데 바로 이 FDM이 2009년에 특허가 만료되어서 누구나 자유롭게 이용할 수 있게 되었죠.

김상욱   듣고 보니 약간 허탈한데, 그런 기술이 20년이나 특허로 묶여 있었군요.

고산   그렇습니다. 그 FDM 특허가 만료되면서 2009년부터 수천만 원에서 수억 원, 수십억 원 하던 3D 프린터의 가격이 수백만 원, 심지어 몇 십만 원까지 떨어진 거예요. 사정이 이렇게 된 데는 2009년 창업한 개인용 3D 프린터 제조 회사 메이커봇(MakerBot)의 활약이 컸죠.

메이커봇은 당시까지만 하더라도 산업용 프린터로만 쓰였던 3D 프린터를 1,000달러, 그러니까 100만 원대 수준의 값싼 개인용으로 보급하기 시작했고, 4년 만에 2만 대나 팔아 치웠죠. 결국 애초 FDM 특허를 가지고 있었던 스트라타시스가 2013년 6월에 메이커봇을 6억 400만 달러(약 7000억 원)에 인수했습니다.

강양구   3D 프린팅과 관련해서는 또 다른 중요한 특허도 있죠?

고산   아까 미국의 양대 3D 프린터 제조 회사 3D 시스템스가 있었죠? 특허 연도를 기준으로 살펴보면, 그곳의 창업자인 척 헐이 1986년에 특허를 낸 'SL(Stereo Lithography)'과 텍사스 대학교 오스틴 캠퍼스의 칼 데카드와 조셉 비만이 1989년에 특허를 낸 'LS(Laser Sintering)'가 있죠.

SL, LS 모두 레이저를 이용한 3D 프린팅 기술입니다. 그러니까, 레이저를 쪼이면 굳는 성질을 가진 플라스틱이나 금속 액체, 분말의 표면에 프린팅하고 싶은 모양대로 레이저를 쪼어 주는 거죠. 일단 레이저를 쪼어 주면 원하는 모양대로 액체나 분말이 굳을 거예요. 그럼, 굳은 부분을 약간 내려서 액체나 분말에 잠기게 만든 다음에 또 레이저를 쪼는 거죠.

그럼, 제일 먼저 굳은 부분이 프린팅하려는 물건의 아랫면이 되고, 가장 나중에 굳은 부분이 윗면이 되겠죠. 반대로 레이저를 아래에서 쏴 주면서 굳은 부분을 올리는 과정을 반복하면, 제일 먼저 군은 부분이 윗면이 되고, 가장 나중에 군은 부분이 아랫면이 되겠죠. 이렇게 프린팅을 한 다음에, 여분의 재료를 씻고 표면을 다듬으면 정교한 프린팅이 완료됩니다.

이명현 FDM, SL, LS 모든 3D 프린팅 기술 자체는 공작 놀이할 때 아이들도 응용할 법한 쉬운 기술이군요.

고산 그렇죠. 사실 이런 기술이 20년이 넘도록 특허로 묶여 있다 보니, 3D 프린팅 기술 자체는 발전이 거의 없었던 것 같아요. 어떻게 보면, 이게 특허 제도의 맹점이라는 생각도 듭니다. FDM 특허가 풀리자마자 메이커봇이 값싼 개인용 3D 프린터를 개발해 보급한 걸 염두에 두면 특허 제도가 3D 프린터 진화의 발목을 잡았던 거죠.

이명현 그런데 아직까지 3D 프린터의 원료는 플라스틱인가요?

고산 맞아요. 현재는 ABS(Acrylonitrile Butadiene Styrene) 플라스틱을 가장 많이 사용합니다. ABS 플라스틱은 쇠망치로 때려도 깨지지 않을 정도로 강도가 세서 공업용품에서 금속 대용으로 사용되는데, 3D 프린터에서도 원료로 사용하죠. 그런데 이미 ABS 플라스틱 대신에 여러 가지 원료가 사용되기 시작했습니다.

우선 3D 프린터의 재료로 금속 분말이 쓰이고 있습니다. 금속이라도 레이저를 이용해서 녹이고 또 군히면 되니까요. 최근에는 설탕을 3D 프린터의 재료로 사용하려는 시도도 있어요. 그러니까 다양한 재료를 얼마나 빨리 녹여서 내보내고, 다시 빨리 응고시킬지가 3D 프린팅의 새로운 과제인 셈이죠.

강양구 이제 3D 프린팅의 원리가 무엇인지 대충 감이 옵니다. 뭔가 복잡해 보였는데, 알고 보니 기술 자체는 간단하군요. 다음으로 넘어가기 전에 CNC(Computer Numerical Control) 기계와 3D 프린터를 구분하고 넘어가죠. 가끔 이 둘을 구분 없이 사용해서 헷갈리기도 합니다.

고산　3D 프린터가 '더하는(additive)' 기술을 사용해 물건을 만든다면, CNC 기계는 '빼는(subtractive)' 기술을 사용해 물건을 만들죠. 3D 프린터는 원료를 쌓아 올려 물건을 만들고, CNC 기계는 플라스틱, 나무, 금속 블록을 드릴로 깎아 물건을 만듭니다. 물론 이름에서 확인할 수 있듯이 이 모든 것이 컴퓨터로 제어된다는 공통점은 있지만요.

소품종 대량 생산 vs. 다품종 소량 생산

김상욱　이미 많은 공장에서 CNC 기계를 이용해서 만든 주형을 가지고 필요한 물건을 찍어 내잖아요. 3D 프린터가 특별히 다른 점이 뭔가요?

고산　결정적인 차이는 금형의 유무예요. 공장에서 물건을 찍어 내려면 CNC 기계를 이용해서 우선 틀(금형)을 만들어야 합니다. 그리고 그 틀을 이용해서 플라스틱 사출 혹은 압출 성형으로 물건을 대량으로 찍어 내죠. 그런데 3D 프린터는 그런 틀 없이 물건을 한두 개씩 만들 수 있는 거죠.
　이게 아주 큰 차이예요. 금형을 만들려면 몇 천만 원이 들거든요. 그런데 내가 원하는 물건을 하나 찍어 내려고 몇 천만 원의 금형을 만들 수는 없잖아요?

강양구　그와 관련해서는 3D 프린터 전도사 중 한 명인 크리스 앤더슨이 『메이커스』에서 비교를 해 뒀더군요. 잘 알다시피, 공장에서 기계로 대량 생산하는 전통적 제조 방식에서는 생산량이 늘수록 제품 1개를 추가로 생산하는 데 들어가는 비용이 크게 낮아지죠. 반면에 3D 프린터의 경우에는 아무리 생산량이 늘어도 제품 1개를 추가로 생산하는 데 들어가는 비용은 낮아지지 않죠. 다만, 방금 고산 대표가 지적한 대로, 3D 프린터로는 제각각 다른 디자인을 채택해도 추가 비용이 없죠.

앤더슨은 고무 오리로 예를 듭니다. 만약 금형 제작 비용이 1만 달러(약 1000만 원)이고, 고무 오리 1개당 제작 비용이 20달러(약 2만 원)라면 어떨까요? 비록 초기에 금형 제작 비용이 들긴 하지만, 똑같은 고무 오리를 많이 찍을수록 제조 원가는 계속 낮아지죠. 100만 개를 만들 때쯤에는 떨어진 제조 원가가 금형 제작 비용을 충당하고도 훨씬 많은 이익을 남기겠죠. 그러니 고무 오리 100만 개 이상을 만들 때는 전통적 생산 방식이 훨씬 유리하죠.

만약에 이 고무 오리 100만 개를 3D 프린터로 만든다면, 고무 오리의 제작 비용은 처음이나 끝이나 똑같으니 엄청난 손해죠. 하지만 서로 다른 모양의 고무 오리 수백 종을 수백 개씩 생산하려는 기업이 있다면 기존의 대량 생산 방식은 답을 줄 수 없죠. 반면에 3D 프린터는 이런 기업에게 해결책을 제시합니다.

고산　예를 들어 보죠. 이미 3D 프린터가 제 역할을 톡톡히 하는 분야가 있어요. 바로 치아 교정입니다. 틀니, 인공 치아, 치아 교정기 등을 생각해 보세요. 치아의 모양은 개인마다 다르잖아요. 치아 교정의 경우에는 치아가 자리를 잡아 갈수록 새롭게 만들어야죠. 그런데 이런 것들을 3D 프린터로 만든다면 어떨까요?

김창규　사실 틀니, 인공 치아, 치아 교정기는 고전적인 방식으로는 엄청나게 비쌀 수밖에 없어요. 숙련 노동자의 기술에 전적으로 의존해야 하니까요. 고산 대표의 지적처럼, 이런 분야에서는 3D 프린터가 그 공정을 획기적으로 혁신할 수 있겠죠. 이미 3D 프린터가 가장 각광받는 분야이기도 하고요.

김상욱　네, 3D 프린터가 제조업에 어떤 방식으로 충격을 줄 수 있을지는 감이 옵니다. 그런데 소프트웨어의 사정은 어떻습니까?

고산 범용 소프트웨어가 많이 있습니다. 글을 쓸 때 워드프로세서를 사용하듯이 3D 프린터로 물건을 찍으려면, 물건의 형태를 3차원으로 디자인하는 프로그램이 필요합니다. 그런 프로그램이 바로 캐드(CAD)죠. 캐드 프로그램에는 무료인 '구글 스케치업'부터 엔지니어나 건축가가 쓰는 '솔리드워크', '오토캐드'까지 다양합니다.

NASA에서 3D 프린팅에 주목하는 이유 중 하나가 우주여행에 이용할 수 있다는 가능성 때문이에요.

이런 캐드 프로그램은 모두 컴퓨터가 이해할 수 있는 기계어 'G코드'로 디자인을 변환합니다. 원래 G코드는 공장 기계에서 사용하는 언어였지만, 오늘날은 범용의 제조 언어로 쓰이죠. 그러니까 어떤 프로그램에서든 G코드를 읽을 수 있고, 또 그렇게 읽은 G코드로 어떤 3D 프린터에서나 프린팅을 할 수 있는 것이죠.

그런데 지금 인터넷 공간에는 다양한 물건의 G코드가 공개되어 있습니다. 그러니까 집에서 컵을 직접 만들어 보려는 사람이 있다면, 컵을 따로 디자인할 필요가 없어요. 인터넷에서 자기가 원하는 디자인의 컵 G코드를 받아서, 캐드 프로그램으로 읽은 다음에, 3D 프린터로 출력하면 됩니다.

강양구 최근에는 3D 프린터로 총을 만들었다고 해서 논란이 되기도 했었죠? 그건 총의 부품을 3D 프린터로 만든 다음에 조립하는 거였죠?

고산 2012년에 3D 프린터로 만든 소총이 처음으로 논란이 되었죠. 누군가 총기 부품의 G코드를 인터넷에 공개한 겁니다. 미국에서는 총기의 손잡이, 탄창, 소염기 등만 규제를 합니다. 그런데 만약에 손잡이, 탄창, 소염기 부분을 3D 프린터로 만들어, 시중의 다른 부품과 함께 조립한다면 개인이 규제를 피해서 총기를 소지할 수 있는 길이 열리죠.

그런데 이건 총기의 일부 부품을 플라스틱으로 만드는 수준이었어요. 물론 이렇게 플라스틱으로 탄창을 만들어 조립한 총기도 살상용 무기로 기능하죠. 2013년 11월 7일에는 미국의 한 기업이 아예 3D 프린터로 제작된 금속 부품 33개로 제작한 권총을 공개했습니다. 이 권총은 50발을 성공적으로 발사했다죠?

김상욱　굉장히 단순한 기술이 엄청난 변화를 몰고 올 수도 있겠군요. 그러니까 지금까지의 얘기를 종합하면, 3D 프린팅은 기술 혁신을 통해서 속도, 재료, 가격만 보완하면 되겠군요.

고산　정확합니다. 속도, 재료, 가격. 그런데 정말로 하루가 다르게 혁신이 이루어지고 있습니다.

프린트를 허하라?!

김창규　방금 총기 얘기가 나왔습니다만, 3D 프린터가 보급될수록 미처 생각지 못했던 또 다른 문제가 제기될 수도 있을 거예요. 예를 들어, 저작권 문제도 쟁점이 되지 않을까요?

SF 영화나 소설 속에서는 반세기 전부터 정보만 있으면 무엇이든지 찍어 내는 3D 프린팅이 낯설지 않았어요.

강양구　코넬 대학교의 호드 립슨 등이 지은 『3D 프린팅의 신세계』에서도 바로 그 문제를 특별히 언급했더군요.

김창규　SF 작가 중에서 코리 닥터로(Cori Doctorow)가 있어요.

강양구　3D 프린팅에 열광하는 사람들 사이에서는 선지자 취급을 받던데요. 앤더슨은 『메이커스』에서 또 립슨은 『3D 프린팅의 신세계』에서 닥터로가 2009년에 펴낸 소설 『메이커(Maker)』를 중요하게 인용했죠. 이 소설은 3D 프린팅이 일상생활로 들어온 미래 사회를 그리고 있죠.

김창규　닥터로는 정보 기술(IT) 분야의 전문가이자 저널리스트예요. 또 작가 중에서 앞장서 상업적으로 이용하지 않는 한 누구나 자신의 책이나 소설을 접할 수 있도록 카피레프트로 공유한 장본인이기도 합니다. 그가 2006년에 펴낸 단편 소설 중에서 「프린트크라임(Printcrime)」이 있습니다.

강양구　프린트한 죄?

김창규　그렇죠. 그러니까 3D 프린터가 보급된 세상에서 저작권 침해를 염려한 이들이 정부와 결탁해서 3D 프린팅을 하려는 이들을 탄압하는 내용입니다. 결국 군홧발이 3D 프린터를 짓밟고, 그에 저항하는 사회 운동이 일어나는데요. 그때의 운동 구호가 "모든 것을 프린트하라!"랍니다. (웃음) 다시 현실로 돌아와서, 지금의 상황은 어떤가요?

고산　일단 3D 프린팅의 세계에서는 기본적으로 공유가 원칙이에요.

강양구　그런데 김창규 작가가 얘기한 소설 속 상황이 황당하게만 들리지는 않아요. 예를 들어, 여기 굉장히 정교한 '뽀로로' 플라스틱 인형이 있어요. 성인 중에도 좋아하는 사람이 많은 일본 애니메이션에 등장하는 건담과 같은 로봇 피겨라고 해도 좋고요. 지금은 그렇게 정교한 인형이나 피겨를 소유하려면 구매할 수밖에 없죠.

그런데 만약에 성능 좋은 3D 프린팅이 대세가 되면, 그런 뽀로로 인형이나 건담 피겨를 집에 있는 3D 프린터로 만들 수 있잖아요? 그렇게 되면 당장 저작권을 둘러싼 문제가 생기지 않을까요? 지금 당장 물건의 3차원 이미지를 스캔하는 것도 어려운 일이 아니잖아요. 앞으로는 더욱더 정교한 스캔이 가능할 거고요.

고산　맞아요. 지금도 현실의 물건을 곧바로 캐드 프로그램의 3차원 이미지로 변환할 수 있는 3차원 스캐너가 있어요. 손쉽게 구할 수 있는 3차원 스캐너 중에는 아이패드로 물건을 여러 방향에서 찍은 다음에 3차원 이미지로 변환하는 프로그램(오토데스크 123D 캐치)이 있습니다. 앞으로 이런 3차원 스캐너의 성능은 더욱더 좋아지겠죠.

당장은 시중에서 판매하는 뽀로로 인형이나 건담 피겨와 질에서 상대가 안되겠지만, 앞으로는 정말로 똑같이 집에서 3D 프린터로 찍어 내는 게 가능해질 거예요. 그건 거역할 수 없는 흐름이죠. 그렇다면, 어떻게 될까요? 카피라이트냐, 카피레프트냐 이런 싸움이 벌어지기 전에 그런 대립 구도 자체가 바뀌지 않을까요?

예를 들어, 디지털 음악 파일이 등장하면서 음반 산업은 완전히 망할 거란 예상이 많았죠. 하지만 지금 음반 산업은 음반 대신 디지털 음악 파일을 통해서 새로운 이윤을 창출하고 있죠. 또 예전과는 다르게 디지털 음악 파일만 팔아서 먹고사는 게 아니라 공연, 영화, 드라마 등과 같은 새로운 영역을 개척하잖아요.

3D 프린터가 몰고 올 변화도 이것과 비슷할 거예요. 물론 그 과정에서 전통적인 접근, 그러니까 카피라이트와 카피레프트의 대립 같은 건 있겠죠. 하지만 그런 대립은 결국 큰 변화 속에서 전혀 다른 방식으로 해소되리라 생각합니다. 왜냐하면, 3D 프린팅은 거역할 수 없는 거대한 흐름이니까요.

'메이드 인 차이나'의 붕괴 vs. 섹스 산업의 진화?

이명현 그럼, 기왕에 얘기가 나왔으니 3D 프린팅이 어떤 변화를 가져올지 한 번 얘기해 봅시다.

김상욱 일단 딴죽을 한 번 걸어 보죠. (웃음) 2D 프린터가 있지만 우리는 여전히 사진집과 같은 책을 사 보잖아요. 2차원 프린터로 비슷한 질의 제품을 만들 수 있지만, 여전히 편집자와 같은 전문 인력의 손을 거친 대량 생산 제품을 선호한다는 거죠. 마찬가지로 성능 좋은 3D 프린터가 있더라도, 당분간 우리는 여전히 대량 생산 제품에 의존해서 살아가지 않을까요?

강양구 반대로 오히려 저가의 이른바 '메이드 인 차이나' 시장이 붕괴할 가능성은 없을까요? 예를 들어, '다이소' 같은 데서 파는 저가 물품들 있잖아요. 플라스틱 컵, 플라스틱 도마, 비누 케이스 같은 것들이요. 그런 것들을 굳이 사기보다는 자기가 원하는 디자인대로 3D 프린터로 프린팅해서 쓸 수 있잖아요.

김상욱 잠깐, 중요한 질문을 빠트렸네요. 지금 플라스틱 재료비가 얼마나 들어요?

고산 1킬로그램에 4만~5만 원이죠.

강양구 똑같은 모양의 메이드 인 차이나 컵을 4,000원 주고 4개 살 바에는 차라리 각기 다른 디자인의 컵 4개를 집에서 3D 프린터로 만드는 사람이 늘어나지 않을까요?

고산 글쎄요. 그런 대량 생산된 물건을 3D 프린터가 대체하지는 않을 것 같아요. 오히려 기존에 존재하지 않았던 새로운 삶의 모습이 만들어지지 않을까요? 앤더슨이 『메이커스』에서 부각하는 것처럼 이미 무엇인가 새로운 것을 만들려는 개인의 시도가 늘어나고 있잖아요.

김창규 같은 맥락에서 얘기를 덧붙여 볼게요. 옛날에는 레고 같은 집짓기 블록을 아이들만 갖고 노는 거라고 생각했는데, 지금은 레고 블록을 어른들도 가지고 놀아요. 그리고 더 나아가서 이제는 메이커봇에서 만든 3D 프린터로 3차원 이미지를 현실로 만들 수 있는 가능성도 열렸죠.

그러면 점점 자신이 메이커, 즉 제조자가 된다는 개념이 싹트지 않을까요? 예를 들어, 지금은 특수한 기술을 가진 이들만 메이커였다면, 앞으로는 보통 사람이 디자이너고 메이커라는 생각이 사회에 뿌리를 내릴 가능성도 있다는 겁니다. 당장 지금도 그렇잖아요. 전자책(e-book)이 퍼지면서 출판사를 거치지 않고서 작가가 되려는 사람들이 늘었죠.

이명현 3D 프린터가 '제조의 민주화'를 가속화하리라는 얘기죠?

강양구 개인들이 메이커가 되어서 메이드 인 차이나와 같은 저가 물품이 아닌 뭔가 창조적인 것을 만들 가능성을 얘기하는 거잖아요? 그런데 지금도 인터넷 공간에서 누구나 자유롭게 자신만의 콘텐츠를 창조할 수 있지만, 대다수는 기존의 콘텐츠를 소비하는 행태에 머무르죠. 3D 프린팅을 계기로 메이커 운동이 불붙으면 좋겠지만, 어째 계속 회의적입니다. (웃음)

김상욱 의외로 전혀 다른 방향으로 전개가 될 수도 있어요. 인터넷만 놓고 봐도, 우리의 상상을 뛰어넘으며 비약적으로 성장한 것은 포르노 산업이잖아요. 이 부분에서 제 이름은 빼 주세요. 저랑 이미지가 안 맞으니까요. (웃음) 3D 프린터도 이렇게 우리가 전혀 예상치 못했던 방향으로 전개되지 않을까요?

이명현   아주 중요한 지적 같은데요. (웃음)

강양구   섹스 인형이나 자위 도구 같은 거요? (웃음)

고산   실제로 그 부분에 대해서는 많은 얘기가 나오고 있어요. 사실 멀리 갈 필요도 없이 3D 프린팅의 등장으로 섹스 용품의 상당수가 개인 맞춤형으로 대체될 수 있으니까요.

3D 프린터로 여러 가지 모형을 쉽게 만들어서 연구나 교육에 활용할 수 있다는 거예요.

이명현   한창 재밌는데 화제를 바꿔 보죠. (웃음) 미국 항공 우주국(NASA)에서 3D 프린팅에 주목하는 이유 중 하나가 우주여행에 이용할 수 있다는 가능성 때문이에요. 3D 프린팅에 의존하면 더 이상 지구에서 모든 걸 만들어서 우주로 가지고 갈 필요가 없어요. 현지에서 필요한 것이 있을 때, 지구에서 정보만 보내 주면 즉석으로 만들면 되니까요. 우주여행의 개념이 바뀌는 거예요.

강양구   저는 기자니 타임 스케일이 좀 짧은 얘기를 하나 덧붙여 볼게요. 지금 우리나라에 들어와 있는 풍력 발전기의 상당수는 덴마크의 풍력 발전기에요. 그런데 고약한 게 볼트, 너트가 마모되어서 간단한 수리를 하려고 해도, 덴마크에서 공수를 해 와야 하는 거예요. 우리나라가 볼트, 너트 못 만드는 나라도 아닌데 어처구니없는 일이죠.

아무튼 그래서 볼트, 너트 때문에 풍력 발전기가 며칠씩 서 있는 황당한 경우가 발생하는데, 3D 프린팅이 일상생활 속으로 들어오면 더 이상 이런 일은 없겠죠. 볼트, 너트 정보를 보내면 즉석으로 3D 프린팅을 해서 사용할 수 있을 테니까요. 이런 식의 새로운 가능성이 열릴 것도 같군요.

앞으로는 보통 사람이 디자이너고 메이커라는 생각이 사회에 뿌리를 내릴 가능성도 있어요.

이명현 얘기를 듣고 보니, 3D 프린팅이 정말로 새로운 영역을 창조할 거라는 고산 대표의 얘기에 좀 더 공감이 가네요.

강양구 화제를 바꾸기 전에, 한 가지만 더 얘기해 보죠. 립슨의 『3D 프린팅의 신세계』를 보면 앞부분에 푸드 프린터가 맞춤한 식단을 아침마다 찍어 내는 얘기가 나오거든요. 설탕을 이용한 3D 프린팅이 현실이 되었다는 얘기를 듣고 보면, 이런 것도 소설이나 영화 속 얘기만은 아닐 것도 같은데요.

고산 가능할 텐데요, 가난한 사람만 그렇게 먹지 않을까요? 누가 그걸 먹고 싶겠어요. 음식은 손맛인데. (웃음)

김창규 푸드 프린터는 1950년대부터 SF 소설이나 만화에서 볼 수 있었죠.

강양구 엄마들의 꿈이잖아요.

고산 어이쿠, 엄마들은 사겠군요. (웃음)

3D 프린팅, 예술의 정의를 바꿀까?

강양구 지금 고산 대표는 한국 3D 프린팅 산업의 대표적인 개척자입니다.

고산　일단 3D 프린터를 활용해서 누구나 다양한 시제품을 만들 수 있는 이런 '팹랩'을 열었죠. 또 이곳을 기반으로 보급형 3D 프린터를 제작해서 판매할 예정입니다.

이명현　지금 준비하는 3D 프린터의 가격대는 어느 정도인가요?

고산　200만 원 정도요.

강양구　얼마나 가격을 낮출 수 있는데요?

고산　훨씬 더 싸질 수 있을 것 같아요. 100만 원 이하도 가능하죠.

이명현　그런데 다들 얼마 정도면 3D 프린터를 집에 한 대씩 들여놓겠어요?

김상욱　40만~50만 원 정도?

김창규　70만~80만 원 정도라도 호기심에 살 사람은 살 것 같아요. 인터넷에 공개된 다양한 G코드를 만들어서 장난감처럼 출력해 보려는 사람이라면 이 정도 가격에 주머니를 열지 않을까요?

김상욱　원래 제 이미지에 맞는 얘기를 해 보죠. (웃음) 2012년 7월에《네이처》에서 3D 프린팅 특집을 한 적이 있었어요. 물론《네이처》는 3D 프린팅이 과학자에게 어떤 도움을 줄 것인지에 초점을 맞췄죠. 그런데 주로 과학자가 도움 받을 수 있는 부분으로 이런 것들을 꼽더군요.

　예를 들어, 인류학자가 발굴한 화석을 연구할 때 훼손되기 십상이잖아요. 만약에 그런 화석을 3D 스캔을 한 다음에 3D 프린팅을 해서 모조품으로 연구를 하면 좋겠죠. 또 생물학자나 생화학자가 특정한 분자 구조 모형을 만드는 데 적지 않은 돈이 드는데, 그걸 3D 프린터로 쉽게 만들어서 연구나 교육에 활용할 수 있다는 거예요.

3D 프린터의 가격이 200만 원 정도만 되더라도 대학이나 학교에서는 구입할 수 있을 거예요. 그럼,《네이처》의 지적대로 3D 프린터로 여러 가지 모형을 만들어서 교육에 활용할 수 있을 것 같네요. 사실 과학 교육에 필요한 모형은 터무니없이 비싸서 학교마다 구비해 놓기가 쉽지 않거든요. 여럿의 손을 타니 망가지기 십상이고요.

강양구　그나저나 여기 손문상 화백이 사진을 찍고 있는데요. 예술가 입장에서 3D 프린팅을 어떻게 생각하세요?

손문상　전혀 매력 없죠. (웃음)

강양구　그런데 3D 프린터는 인간이 도저히 손으로 만들 수 없는 형태도 창조할 수 있는데요? 예술가에게 새로운 자극이 될 수 있지 않을까요?

손문상　3D 프린터를 예술가가 굳이 활용한다면, 이런 식이 되겠죠. 3D 프린터로 모양의 틀을 대강 잡는 거죠. 요즘도 그런 건 다 여러 사람의 도움을 받거든요. 그런데 결국 예술가의 독창성이 들어가는 부분은 다 직접 자기 손으로 할 수밖에 없어요. 그러니까, 3D 프린터는 보조 역할에 머무를 수밖에 없는 거죠.

이명현　그냥 예술을 위한 새로운 툴이 하나 더 늘었다고 생각하면 될까요?

손문상　글쎄요. 예술 작품이 미적 권위를 갖는 건 예술가의 미적 감각에 기반을 둔 노동력이 그 작품에 집약되어 있기 때문이거든요. 그러니까 예술 작품을 수천만 원, 수억 원을 주고 사는 거고요. 그런데 그런 과정을 3D 프린터가 대신했을 때, 그걸 예술 작품이라고 할 수 있을까요?

김상욱 그런데 옛날에는 초상화가 중요한 예술의 영역이었지만, 사진기가 등장하면서 더 이상 그렇지 않잖아요. 사진도 한때는 소수 사진가의 예술로 취급을 받았지만, 누구나 사진을 찍을 수 있게 되면서 그 위상이 변하고 있고요. 그런 점에서 3D 프린터도 예술가의 역할 또 더 나아가서 예술의 성격에 큰 변화를 주지 않을까요?

손문상 물론 백남준처럼 3D 프린팅을 이용한 새로운 예술 장르를 개척하는 이들은 나오겠죠. 하지만 그 구체적인 모습이 어떨지 저로서는 아직 상상이 안 되네요. (웃음) 아까도 얘기가 나왔지만, 3D 프린팅의 핵심은 다품종 소량 생산에 최적화된 도구를 제공한다는 것 아닌가요?

강양구 여기서 다시 고산 대표에게 묻고 싶은데, 우리나라 제조 기업은 얼마나 관심을 가지고 있나요?

고산 아직 큰 관심은 없어요. 개인적으로, 삼성과 같은 제조업에 기반을 둔 대기업이 굉장히 장점이 많은 기업이라고 생각해요. 그 성취도 놀랍고요. 다만 3D 프린팅은 수십 년간 잠들어 있다가 이제 막 깨어난 기술이거든요. 오늘 확인했듯이 그 가능성도 무한하고요. 이럴 때 삼성 같은 기업이 뛰어든다면, 또 다른 신화를 만들 수 있을 텐데……. 이런 점은 좀 아쉽죠.

인간, 자연이 만든 3D 프린팅의 걸작

강양구 이제 얘기를 정리할까요?

김상욱 아까 말씀드렸던 《네이처》 기사에서 재미있는 얘기를 하더군요. 궁극적으로는 생명의 본질이 3D 프린팅이랑 다를 바가 없다는 거예요. 나의 DNA만 넘겨주면 이 DNA를 가지고 나와 유전자를 공유하는 아기가 만들어지잖아요. 그러니까 DNA를 통해서 유전자를 전달하는 생명 현상 자체가 3D 프린팅의 한 종류라는 거죠.

다양한 재료를 얼마나 빨리 녹여서 내보내고 다시 빨리 응고시킬지가 3D 프린팅의 새로운 과제입니다.

김창규 사실 3D 프린팅 얘기를 들으면 감회가 새로워요. 예전에 프레드 월콕스 감독의 「금지된 행성(Forbidden Planet)」(1956년)이 있었죠? 그런데 이 영화에서 외계인의 기술로 만든 로봇 '로비'가 나와요. 외딴 행성에서 과학자 아버지랑 살던 딸(앤 프린시스)이 처음으로 멋진 지구인 남성(레슬리 닐슨)을 보고 반합니다.

남자한테 잘 보이려고 예쁜 옷의 디자인을 쭉 훑은 다음에 주문을 하면, 로비가 즉석에서 만들어 주죠. 그러니까 이게 1956년 영화인데, 벌써 3D 프린팅 개념이 등장한 거예요. SF 영화나 소설 속에서는 반세기 전부터 정보만 있으면 무엇이든지 찍어 내는 3D 프린팅이 낯설지 않았어요.

이렇게 SF 영화나 소설에서 등장하는 3D 프린터의 최종 비전은 자기 복제하는 프린터예요. 그러니까 '셀프 레플리케이터'가 되는 거죠.

고산 마침 메이커봇에서 만든 데스크톱 3D 프린터의 이름이 '레플리케이터'예요.

강양구 앤더슨의 『메이커스』나 립슨의 『3D 프린팅의 신세계』나 3D 프린팅의 마지막 비전으로 자연이 생물을 만들 듯 모든 물질을 프린팅하는 걸 꼽더군요. 심지어 생체 조직도요.

김상욱 먼 훗날의 얘기죠.

김창규 아니요. 원래 기술은 항상 예측 못할 변화를, 생각보다 훨씬 빠른 속도로 만들어 내잖아요. 그리 먼 훗날이 아닐지도 모릅니다. (웃음)

강양구 한 30년쯤 후에 다시 모여서 누구 말이 맞나 시험해 볼까요? 아무튼 푸드 프린터보다는 맞춤형 섹스 도구가 훨씬 더 빨리 등장하는 건 확실할 것 같군요. (웃음)

3D 프린팅을 둘러싼 전쟁

과학 기술에 기반을 둔 새로운 것이 등장하면 으레 열광하기 마련입니다. 이런 열광 속에서 우리가 흔히 놓치는 사실이 있습니다. 지난 100년간 등장했던 수많은 과학 기술 인공물 중에서 정작 우리의 일상생활 깊숙이 들어온 것은 극소수에 불과합니다. 대부분의 것들은 금세 잊히곤 했지요.

그렇게 잊힌 것들은 아무래도 장점보다는 단점이 훨씬 더 많았을 거라고요? 그렇게 속단하기는 곤란합니다. 역사 속에서 사라진 것들의 목록을 살펴보면, 단점보다 장점이 돋보였는데도 경쟁에서 밀린 것들이 적지 않거든요. 20세기 초에 전기냉장고와 경쟁했던 가스 냉장고는 가장 대표적인 예입니다.

당시 가스 냉장고는 전기냉장고에 비해서 덩치도 작고, 윙윙거리는 소음도 나지 않고, 심지어 가격까지 쌌습니다. 하지만 이런 여러 장점에도 불구하고 가스 냉장고는 1930년대가 되면 전기냉장고에 밀려서 세상에서 자취를 감추게 되죠. 전기냉장고 산업을 주도하던 대기업의 엄청난 자금을 동원한 파상 공세에 가스 냉장고를 생산하던 중소기업이 궤멸했기 때문이죠. 만약 20세기 초의 그 냉장고 전쟁에서 가스 냉장고가 승리했다면, 우리는 지금 주방에서 가스레인지 옆에서 윙윙거리는 소리 없이 조용히 제 역할을 하는 가스 냉장고를 볼 수 있었을지 모릅니다.

이번 수다에서 잠시 등장한 CNC 기계는 어떻고요? 이 CNC 기계의 원형은 수치 제어(Numerical Control, NC) 기계입니다. 그런데 NC 기계가 등장한

1950년대 초반에는 기록 재생(Recording Playback, RP) 기계도 있었어요. RP 기계는 노동자가 금속 등을 깎는 과정을 기록한 다음에 이 정보에 기초해 작동하는 것이었죠. 그때만 하더라도 오늘날처럼 성능 좋은 컴퓨터가 보급되지 않았던 터라서 설계도를 전기 신호로 변환해서 이용하는 NC 기계는 비싸기만 했지 오류투성이였죠. 반면에 RP 기계는 노동자의 기술에 직접 의존하는 것이었기 때문에 오류도 적었고, 정교한 작업도 가능했죠.

그런데 정작 공장을 운영하던 사장들은 비싸고 오류가 많았던 NC 기계를 앞 다퉈 도입합니다. 이유는 뻔합니다. RP 기계를 사용하는 공장에서는 여전히 노동자의 역할과 권한이 큽니다. 사장들은 공장의 주도권을 계속해서 노동자가 가지도록 돕는 (장점 많은) RP 기계보다 노동자를 내칠 수 있는 (단점 많은) NC 기계를 선택한 것이죠. 만약 RP 기계가 당시의 표준이 되었다면, 그것이 컴퓨터와 결합한 공장의 모습은 지금의 그것과 많이 달랐을 거예요.

자, 이제 다시 3D 프린팅으로 돌아와 볼까요? 3D 프린터가 도입되면 제조업 노동자를 비롯한 많은 일자리가 없어질 가능성이 큽니다. 폴 크루그먼 같은 경제학자는 이 과정에서 (공장의 3D 프린트를 소유한) 자본은 더 많은 몫을 가져가고, (3D 프린트 때문에) 그 역할이 축소된 노동은 더 적은 몫만 받게 되어 빈부 격차가 커지리라고 전망합니다.

한편, 이런 일도 생길 수 있죠. 3D 프린터는 획일화된 상품을 대량 공급하면서 막대한 영향력을 행사하던 기존 기업의 권력을 분산시키는 효과를 낳을 수도 있습니다. 소비자-시민들이 정말로 온갖 것들을 직접 프린트해서 사용하는 제조자, 즉 메이커 운동이 불붙는다면 어떻게 될까요? 정말로 코리 닥터로의 소설처럼 프린트한 죄를 묻는 기성 권력의 탄압이 시작될 수도 있겠죠.

과학 기술이 낳은 인공물을 가로지르는 온갖 권력이 어떻게 충돌하는지 세심하게 따질 때, 우리는 비로소 미래를 제대로 전망할 수 있습니다. 자, 어디에 판돈을 걸 생각입니까?

과학 수다, 그 뜨거웠던 과학 커뮤니케이션의 용광로

김상욱 경희 대학교 물리학과 교수

수다[수:다]: 쓸데없이 말수가 많음. 또는 그런 말.

수다는 즐겁다. 그렇지 않다면 그 많은 카페나 술집은 다 폐업해야 할지도 모른다. 정의에 의하면 수다란 쓸데없이 떠든다는 뜻이다. 대체 쓸데가 정확히 어딘지는 모르겠지만 말이다. 암튼 과학으로 수다를 떨 수 있다는 사실은 그 자체로 많은 사람들을 경악하게 만드는 것 같다. 아니 얼마나 이야기할 주제가 없으면 과학으로 수다를 떨까? 더구나 그것은 쓸데 있는(!) 일 아닌가? 학생들이 학교 이야기로 수다를 떨듯, 과학자들은 과학으로 수다를 떤다. 과학의 수다는 때로 빡빡한 과학 논쟁으로 이어지기도 한다. 이런 과학자들의 수다를 날것 그대로 일반인에게 전달해 보면 어떨까? '과학 수다'는 이런 아이디어에서 시작되었다.

  과학을 일반인에게 설명하는 것은 쉽지 않다. 과학을 알지 못하면 할 수 없는 일인데, 일단 과학적 내용을 제대로 이해하는 것 자체가 엄청난 노력을 요하는 일이다. 또, 아는 것과 설명을 쉽게 하는 것은 별개라는 것이 문제다. 옆집 할머니에게 설명할 수 없다면 진정으로 이해한 것이 아니라고 아인슈타인이 말했다지만, 모든 과학자가 아인슈타인일 수는 없는 노릇이다. 더구나 이런 능력을 가진 과학자라도 시간이 없거나 이런 일을 할 만한 이유를 찾지 못하는 경우도 많다. 그들에게는 과학 하는 것이 더 중요한 일이기 때문이다.

과학자의 강연을 녹취하거나 과학자와의 인터뷰를 정리하여 책으로 내는 묘수가 여기서 나온다. '과학 수다'는 여기서 좀 더 진화한 형태라고 볼 수 있겠다. 과학 전문가를 모시고 네댓 명이 모여서 수다를 떨 듯 자연스럽게 이야기를 하면, 과학적 내용은 물론 평소 듣기 어려운 깨알 같은 뒷얘기도 끄집어 낼 수 있을 것이라 기대한 것이다. 우리의 예상이 맞았는지는 책을 읽어 보면 알 수 있다.

문홍규 박사님을 모시고 진행했던 '근지구 천체' 이야기는 나에게 큰 충격을 주었다. 지금까지 나는 소행성이 지구에 접근하면 사과나무를 심어야 하는 줄 알았다. 소행성이 지구에 떨어지지만 않았으면, 이번 주말 티라노사우루스를 보러 쥐라기 공원에 갈지도 모를 일이다. 사실 나는 핵전쟁이나 환경 오염보다 소행성 충돌이 더 무서웠다. 이건 협상도 불가능하고, 미리 알기도 어렵고, 알아도 피할 길 없는 그야말로 속수무책의 재앙이기 때문이다. 이런 것 때문에 인류가 멸종한다면 얼마나 허망할까? 그런데 소행성을 피하는 것이 아니라 포획하여 돈 버는 사업이라니! 내가 고정으로 쓰는 신문 칼럼에 이 사업을 소개할 만큼 나에게 영향을 준 수다였다. 이쯤 되면 수다가 아니라 세례라고 해야 할라나.

뇌 과학은 그 자체로 거대한 분야다. 몇 시간의 수다를 통해 그 내용을 모두 다룰 수 없는 주제다. 그런 의미에서 김승환 교수님과 나눈 뇌 과학 수다는 특별했다. 물리학자가 뇌를 보는 관점에 초점을 맞추었기 때문이다. 환원주의와 복잡계 과학으로 시작하는 것도 이 때문이다. '의식'이 무엇이냐는 질문은 어차피 아직 답이 없는 것이라 수다의 진정한 주제라 할 만하다. 그래도 전문가를 모신 수다는 보통의 수다와는 격이 다르다. 다양한 이론과 적절한 사례들이 제시되기 때문이다. 이해가 잘 안 되면 즉시 물어보면 된다! 물리학으로 시작된 수다는 생리학, 양자 역학을 거쳐 심리학, 철학으로 이어졌다. 이런 식이면 하루 종일 수다 떨 기세였다고 할까.

양자 역학 역시 몇 시간 수다로 해결될 주제는 아니다. 그래서 2012년 노벨 물리학상에 집중하기로 했다. 내가 물리학 전문가였지만, 철학자인 이상욱 교수님이 더 주도적으로 설명하시는 진풍경이 나오기도 했다. 역시 수다는 지식이 아니라 말발이다. 기생충에 대한 수다도 비슷한 측면이 있었다. 서민 교수님과 정준호 박사님을 동시에 한자리에 모셨다는 것이 사건이라면 사건이었다. 두 분도 서로 만난 것이 처음이라니 '과학 수다'가 특종을 한 셈이다. 나는 두 분의 책을 모두 읽은 터라, 수다 내용에 특별히 새로운 것은 없었다. 하지만, 기생충계의 스타 두 사람이 보여 준 기생충에 대한 사랑 경쟁은 그 자체로 흥미로웠다. 앞에 기생충이 한 마리 있다면 두 분이 서로 먹겠다고 싸울 것이 분명했다. 아무튼 책 두 권에 두 저자의 사인을 모두 받는 횡재까지 했다!

투명 망토를 주제로 수다를 떨기로 했을 때, 개인적으로는 약간 실망의 느낌이 있었다. 물리적으로는 빤한 내용인데, 사람들이 워낙 좋아해서 하는 주제가 아닌가 하는 의구심이 들었기 때문이다. 하지만, 막상 뚜껑을 열어 보니 내가 완전히 잘못 생각했다는 것을 알게 되었다. 박규환 교수님의 이야기는 수다라기보다는 강의에 가까웠는데, 너무 재미있어서 모두 넋을 잃고 지켜보기만 했다. 나도 처음엔 간간이 끼어들었지만, 결국 그냥 조용히 듣는 것이 최선이라는 결론에 도달했다. 도시를 지진파에 투명하게 만들어 지진을 피할 수 있다는 이야기에는 입이 딱 벌어졌다.

핵융합은 내가 개인적으로 궁금했던 주제다. 2001년 독일에서 핵융합 전문가의 세미나에 참석한 적이 있는데, 강연자의 말이 인상적이었기 때문이다. "20년 전 어떤 세미나에서 핵융합은 언제쯤 상용화될 것 같으냐고 제가 질문한 적이 있죠. 당시 연사는 20년 후라고 대답했습니다. 지금 누가 저에게 같은 질문을 한다면 저는 똑같은 답을 드릴 수밖에 없습니다. 20년 후." 과연 지금 핵융합 전문가들은 이 질문에 어떤 대답을 할까? 전문가로 모신 장호건 박사님은 개인적인 친분도 있어 정말 수다 같은 느낌으로 이야기를 진행할 수 있었다. '과학 수다'가 아니었으면 듣기 어려웠을 이야기가 오가서 아주 보람 있는 시간이었다. 아참, 핵융합이 대체 언제 상용화 되느냐면…… 책을 읽어 보시라.

3D 프린터의 과학 수다는 특별한 장소에서 이루어졌다. 3D 프린터 시연을 직접 보기 위해 고산 대표의 회사가 있는 세운상가를 방문했던 것이다. 세운상가는 내가 고등학생 때 나름 뻔질나게 드나들었던 추억의 장소다. 트랜지스터라디오를 제작한다며 부품을 구하러 다녔던 것인데, 결국 제대로 작동하는 라디오를 만들어 본 적은 없는 것 같다. 그래서 지금 이론 물리학을 하는지도 모른다. 당시 세운상가는 전자 부품만이 아니라 음란 잡지의 메카이기도 했다. 그래서였을까. 3D 프린터가 포르노 산업에 요긴하게 쓰일지 모르겠다는 멘트가 내 입에서 튀어나왔고, 덕분에 수다 내내 계속 씹히는 신세가 되었다. 진정한 의미의 수다였다는 말이다.

'과학 수다'는 나에게 특이한 경험이었다. 강양구 기자야 인터뷰 경험이 많으니 아주 새로운 것은 아니었을 거라 생각한다. 하지만, 나는 강연이나 인터뷰는 해 봤지만 다른 과학자들과 격식 있게 수다를 떠는 공식(?) 행사는 해 본 적이 없다. 나는 이 행사가 너무 재미있어서, 일정이 잡히면 만사 제치고 출장을 떠났다. 초청 전문가들도 여럿이 앉아 주거니 받거니 말을 하니까 훨씬 편안하다는 반응이다. 거창하게 후기라고 이 글을 쓰고는 있지만, 한마디로 나는 너무너무 재미있었다가 결론이다. 그런데 이런 멋진 결과물까지 나왔으니 이 보다 더 좋을 수는 없다. 시즌 2에 대한 욕망이 활활 불타오른다.

우주에 물체가 하나 있으면 등속 직선 운동만 할 수 있다. 2개가 되면 원추곡선으로 기술되는 운동을 할 수 있다. 여기까지는 완벽한 답이 존재한다. 이제 물체가 3개가 되면 카오스(chaos)가 일어난다. 예측 불가능한 상황이 된다는 말이다. 강연이나 인터뷰보다 수다의 결과가 풍성할 수 있는 동역학적 이유랄까? 수다에 참여해 주신 모든 분들께 감사드린다.

'쉽게'보다는 '친절하게' 과학을 들려주는 이야기

이명현 과학 저술가/천문학자

과학은 어렵다. 사실 그렇지 않은 학문이 어디 있겠는가. 어려운 탐구 과정을 거쳐서 숨겨진 진실에 다가가서 마주하는 순간, 과학의 경이로움을 만끽할 수 있을 것이다. '과정'을 즐기는 것이야말로 실체에 다가가는 거의 유일한 길이라고 생각한다. 초등학생도 이해할 수 있도록 과학의 어떤 내용을 한마디로 쉽게 설명해 달라는 기자들의 요청을 가끔씩 받는다. 대중매체의 속성을 감안하더라도 변명의 여지없이 어처구니없는 일이다. 그런 것이 가능하리라고 생각한다는 것 자체가 엄청나게 어리석은 것이다. 그런 어처구니없는 요구를 받아도 나는 속은 부글거리지만 내가 할 수 있는 한 쉽게 설명하려고 노력하는 편이다. 하지만 꼭 한마디는 덧붙인다. 이 세상에 초등학생도 이해할 수 있을 만큼 쉬운 현대 과학은 없다! 다만 그 내용에 대해서 가능한 한 친절하게 설명하려고 노력한다는 점을 밝힌다. 친절하게 설명하기 위해서는 시간이 걸린다. 듣는 사람도 경청하는 태도를 견지할 필요가 있다. 이야기를 들을 시간적 여유가 있고 의도가 있는 기자들에게 나는 다른 모든 일을 뒤로 미루고 '친절한 설명'을 하곤 한다. '쉽게'보다는 '친절하게' 과학에 대한 이야기를 차분하게 하고 싶었다.

《프레시안》 강양구 기자는 '황우석 사태' 같은 사회적으로 가장 뜨거운 이슈가 있을 때 항상 그 현장에 있었다. 그는 사건의 사회적 영향을 제대로 파악하는 혜안을 가졌다. 나는 그가 사건의 실체를 파악하는 능력을 갖춘 배경에 그가 견지하고 있는 과학적 인식론이 자리 잡고 있다고 생각한다. 강양구 기자는 생물학을 전공했지만 그의 시선은 늘 과학의 경이로움보다는 과학의 사회적 영향에 가 있었다. 덕분에 우리는 사회적 이슈의 근원에 과학이 어떻게 작동하고 영향을 미치는지에 대한 그의 이야기를 들을 수 있었다. 그의 논리 전개 방식은 그 자체가 과학적 방법론을 따라가고 있었다. 과학을 바탕으로 세상을 바라보는 훈련이 되어 있는 기자였다. 그런 그의 인식론 때문에 때로는 진영 논리에 매몰된 같은 진영의 지인들로부터 비난을 받기도 했다. 강양구 기자가 사태판단의 근거로 '정치적 이익'보다는 '보편적 가치'를 내세우는 것을 자주 봐 왔다. 과학적 인식론의 힘이라고 생각한다. 나는 늘 세상과의 최전선에 서 있는 그가 가끔씩은 과학의 경이로움의 지대로 넘어오기를 바라고 있었다.

어느 날 강양구 기자가 이슈가 되는 과학 이야기를 깊이 있고 차분하게 다루는 기획을 해 보고 싶다는 이야기를 했다. 기뻤다. 나는 친절한 과학 이야기를 할 준비가 되어 있었고 강양구 기자는 이제 잠시 과학의 경이로움의 세계로 들어올 준비가 된 것이었다. 마침 2011년 9월 24일 빛보다 빠른 뉴트리노가 발견되었다는 충격적인 보도가 나왔다. 10월 26일 물리학자인 이강영 박사와 이종필 박사 그리고 박상준 SF 평론가를 모시고 이 주제를 바탕으로 대담을 했다. 내가 사회를 보고 강양구 기자가 보조 사회 겸 정리를 맡았다. 충분히 이야기를 나누기 위해서 대담회는 비공개로 진행되었다. 강양구 기자가 책임 정리한 이 대담의 녹취록은 2011년 11월 4일 '물리학자의 과학 수다'라는 제목을 달고 《프레시안》에 발표되었다. 이 책 『과학 수다』의 시작이었다.

내가 과학 문화 위원으로 활동하고 있는 아시아 태평양 이론 물리 센터(APCTP) 과학 문화 위원회에다 《프레시안》의 '과학 수다'를 APCTP에서 발행하는 웹진 《크로스로드》에 실을 수 있는지 문의했다. 반응이 좋아서 '과학 수다'를 대담 한 편과 대담 내용과 관련된 책을 소개하는 에세이를 같이 싣는 형식으로 확대하기로 결정됐다. 모든 글을 《크로스로드》와 《프레시안》에 동시에 올리는 것으로 협의가 되었다. 사이언스북스도 이 단계에서 기획에 참여해서 나중에 책으로 출판할 기반도 마련되었다. 사회는 내가 맡기로 했다. 정리는 강양구 기자의 몫이었다. '과학 수다'를 진행하면서 주제에 따라서 강양구 기자와 김상욱 교수가 나와 함께 사회자의 역할을 같이 맡는 경우가 많아졌다. 특별한 주제에 대해서는 주 대담자와 함께 대담을 더 윤택하게 만들어 줄 보조 대담자를 초대하기도 했다.

2012년 노벨 물리학상을 받은 아로슈와 와인랜드의 양자 물리학 실험에 대해서 양자 물리학자 김상욱 교수와 과학 철학자 이상욱 교수를 초대해서 대담을 한 결과를 2013년 1월 《크로스로드》와 《프레시안》에 올리면서 본격적으로 '과학 수다'가 시작되었다. 2014년 3월까지 계속된 '과학 수다' 시즌 1에서는 '암흑 에너지'나 '힉스 입자' 같은 근원적인 주제로부터 '핵에너지'나 '3D 프린팅' 같은 현안 문제까지 폭넓은 주제를 다뤘다. 공개 대담회 형식으로 '카오스 이론'을 다루었던 때를 제외하면 모든 대담은 비공개로 진행되었다. 충분히 이야기를 나누고 충분히 공감할 수 있는 친절한 콘텐츠를 만들어 보자는 기획자들의 의도가 반영된 결과였다. 공개 대담으로 진행되었던 '카오스 이론' 편과 비공개로 진행되었던 융합적 주제를 다룬 '빅히스토리' 편이 편집 과정에서 이 책에서 빠진 것은 유감이다. 공개 대담회는 성격상 내용의 밀도가 떨어질 수밖에 없었을 것이다. 현장의 분위기를 전달할 수 있다는 장점에도 불구하고 제외됐다. '빅히스토리' 편은 '과학 수다'의 다른 내용과 좀 편차가 있었다. 편집부에서 고민 끝에 제외한 것으로 안다. 한편 수긍이 가면서도 아쉬움까지 감출 수는 없다. '닥터 K'라는 이름으로 '과학 수다'에서 줄기세포에 대한 이야기를 나눴던 '황우석 사태'의 최초 제보자는 이제 '류영준'이라는 자신의 이름으로 세상에 나왔다. 그 사건 이후 첫 언론 대담을 우리와 함께 해 줬던 류영준 교수께 감사를 드린다.

비슷한 시기에 독립적으로 피어오르기 시작한 강양구 기자와 나의 문제의식이 만나서 시작된 '과학 수다'가 이렇게 한 권의 책으로 나오게 된 것은 그동안 같이 작업한 모든 분들의 노력 덕분이다. '과학 수다'를 통해서 기획자들은 원래의 의도를 충분히 투영시킬 수 있었다. 만족한다. 《크로스로드》와 《프레시안》에 연재되는 동안 독자들로부터 과분한 사랑의 말을 들었다. 핵심적인 내용을 비껴가지 않고 어려운 과학 이야기를 깊지만 친절하게 들려주는 콘텐츠에 독자들이 목말라 하고 있었다는 것으로 해석하고 받아들인다. 책으로 나오는 '과학 수다'는 그런 감흥을 다시 한 번 느낄 수 있게 해 줄 것으로 생각한다. 이 책은 '과학 수다' 시즌 1의 최종 기록물이다. 더 재미있는 주제를 갖고 시즌 2에서 다시 만났으면 하는 바람이 있다. 독자 여러분들의 지속적인 관심과 사랑을 바란다.

강양구 《코메디닷컴》 콘텐츠 본부장

연세 대학교 생물학과를 졸업했다. 1997년 참여연대 과학 기술 민주화를 위한 모임(시민 과학 센터) 결성에 참여했다. 《프레시안》에서 과학·환경 담당 기자로 일했고, 부안 사태, 경부 고속 철도 천성산 터널 갈등, 대한 적십자사 혈액 비리, 황우석 사태 등에 대한 기사를 썼다. 앰네스티언론상, 녹색언론인상 등을 수상했다. 현재 《코메디닷컴》의 콘텐츠 본부장(부사장)으로 재직 중이다. 『세 바퀴로 가는 과학 자전거 1, 2』, 『아톰의 시대에서 코난의 시대로』, 『밥상 혁명』(공저), 『침묵과 열광』(공저), 『정치의 몰락』(공저) 등을 저술했다.

고산 타이드 인스티튜트 대표

1976년 서울에서 태어나 서울 대학교에서 수학을 전공하고, 같은 학교 대학원에서 인지 과학을 공부하였다. 2005년부터 2007년까지 삼성 종합 기술 연구원에서 연구원으로 근무하였고 2006년 대한민국 우주인 최종 후보로 선발되었다. 2007년, 러시아 유리 가가린 우주인 훈련 센터에서 1년간 우주인 훈련을 받았고 2009년 8월까지 한국 항공 우주 연구원 정책 기획부에서 선임 연구원으로 재직하였다. 2011년부터 창업 지원 전문 비영리 단체인 타이드 인스티튜트(TIDE Institute) 대표를 역임하고 있으며, 2013년 3D 프린터를 만드는 벤처 기업 에이팀 벤처스(ATEAM Ventures)를 창업하였다.

김병수 성공회 대학교 열림 교양 대학 교수

대학에서 생명 공학과 과학 기술학을 공부했으며 참여연대 시민 과학 센터 간사, 생명 공학 감시연대 정책 위원, 국가 생명 윤리 심의 위원회 유전자 전문 위원을 지냈다. 현재는 성공회 대학교 열림 교양 대학 교수로 재직 중이며 시민 과학 센터 부소장으로 활동하고 있다. 생명 공학 논쟁, 과학 기술에서의 시민 참여, 전자 감시 사회 등에 관심이 많다. 지은 책으로는 『한국 생명 공학 논쟁』, 『침묵과 열광』(공저), 『시민의 과학』(공저)이 있으며, 옮긴 책으로는 『인체 시장』(공역), 『시민 과학』(공역) 등이 있다.

김상욱 경희 대학교 물리학과 교수

KAIST에서 물리학으로 학사, 석사, 박사 학위를 받았다. 포항 공과 대학교, KAIST, 독일 막스플랑크 연구소 연구원, 서울 대학교 BK 조교수, 부산 대학교 물리 교육과 교수를 거쳐 현재 경희 대학교 물리학과 교수로 재직 중이다. 동경 대학교, 인스부르크 대학교 방문 교수를 역임했다. 주로 양자 과학, 정보 물리를 연구하며 60여 편의 SCI 논문을 게재했다. 저서로 『김상욱의 양자 공부』, 『김상욱의 과학 공부』, 『영화는 좋은데 과학은 싫다고?』 등이 있다. 《과학동아》, 《국제신문》, 《무비위크》 등에 칼럼을 연재하였으며, 국가 과학 기술 위원회 '톡톡 과학 콘서트', TEDxBusan, 팟캐스트 '과학 같은 소리 하네' 등에 출연하며 과학을 매개로 대중과 소통하는 과학자다.

김승환 포항 공과 대학교 물리학과 교수

서울 대학교 물리학과를 졸업하고 미국 펜실베이니아 대학교 물리학과에서 박사 학위를 받았다. 코넬 대학교 및 프린스턴 고등 연구소 연구원, 케임브리지 대학교 방문 교수 등을 거쳐 현재 포항 공과 대학교 물리학과 교수로서 국가 지정 비선형 및 컴플렉스 시스템 연구실장을 맡고 있다. 한국 물리학회 회장, 아시아 태평양 물리학 연합회 회장, 한국 과학 창의 재단 이사장 등을 역임했다.

김창규 SF 작가/번역가

2005년 과학기술창작문예 중편 부문에 당선, 《판타스틱》, 《네이버 오늘의 문학》, 《크로스로드》 등에 단편을 게재했고, 단편집 『독재자』, 『목격담, UFO는 어디서 오는가』 등에 참여했다. 현재 SF 판타지 도서관에서 SF 창작 강의를 하고 있다. 번역서로는 『뉴로맨서』, 『은하수를 여행하는 히치하이커를 위한 과학』, 『이상한 존』, 『므두셀라의 아이들』, 『영원의 끝』 등이 있다.

류영준 강원 대학교 의학 전문 대학원 교수

고신 대학교 의과 대학을 졸업하고 서울 대학교 의과 대학에서 『생명 윤리 및 안전에 관한 법률』로 박사 학위를 받았다. 서울 대학교 수의과 대학에서 줄기 세포학 석사 및 박사 과정도 수료했다. 고려 대학교 병원과 서울 아산 병원에서 병리과 전문의로 일했다. 현재 강원 대학교에서 병리학, 줄기 세포학, 인문 사회 의학을 가르치고 있으며, 한국 바이오 뱅크 네트워크 강원 지역 거점 은행장, 보건 복지부 자문 위원 등을 맡고 있다.

문홍규 한국 천문 연구원 책임 연구원

어려서부터 천문학에 관심이 많아 과학책 읽기와 별 보기를 즐겼다. 연세 대학교에서 천문학 전공으로 박사 학위를 취득했으며 1994년부터 한국 천문 연구원에서 근무하고 있다. 2006년부터 UN 평화적 우주 이용 위원회 AT14 근지구 천체 분야 한국 대표로 일하고 있으며, '2009 세계 천문의 해' 한국 위원회 사무국장 겸 대표로 활동했다. 현재 태양계 소천체 연구와 우주 감시 프로젝트에 동시에 참여하고 있다.

박규환 고려 대학교 물리학과 교수

서울 대학교 물리학과를 졸업하고 미국 브랜다이스 대학교 물리학과에서 중력 이론에 대한 연구로 박사 학위를 받았다. 메릴랜드 대학교, 케임브리지 대학교 연구원을 거쳐 경희 대학교 교수, 로체스터 대학교 방문 교수 등을 역임하고, 현재 고려 대학교 물리학과 교수로 전자기파 극한 제어 연구단 단장을 맡아 나노 광학 분야 연구를 해 오고 있다.

박상준 서울 SF아카이브 대표

SF 및 교양 과학 전문 기획 번역가이자 칼럼니스트로 활동해 왔다. 장르 문학 전문지 《판타스틱》의 초대 편집장과 SF 전문 출판사 오멜라스의 대표를 지냈으며, 『화씨 451』, 『라마와의 랑데부』 등의 번역서와 『로빈슨 크루소 따라잡기』, 『상대성 이론, 그 후 100년』 등의 공저를 포함하여 30여 권의 책을 냈다. 한양 대학교 지구 해양 과학과를 졸업하고 서울 대학교 대학원 비교 문학과를 수료했다.

서민 단국 대학교 의과 대학 교수

서울 대학교 의학과를 졸업하고 동 대학원에서 기생충 연구로 박사 학위를 받았다. 현재 단국 대학교 의과 대학에서 기생충학을 가르치고 있다. 기생충이 부당하게 탄압받는다는 것을 깨달은 뒤 책과 강연 등을 통해 기생충에 대한 오해를 풀기 위해 노력하고 있다. 저서로는 『서민의 기생충 열전』, 『EBS 다큐프라임 기생』(공저) 등이 있다.

송기원 연세 대학교 생화학과 교수

연세 대학교 생화학과를 졸업하고 미국 코넬 대학교 생화학 및 분자 생물학과에서 박사 학위를 받았다. 미국 밴더빌트 대학교 의과 대학 연구원을 거쳐 1996년부터 연세 대학교 생화학과에서 학생들과 함께 배우고 가르치고 있다. 전공 과학 연구 외에도 생명 과학과 관련된 사회 문제에 관심을 갖고 있으며, 연세 대학교 언더우드 국제 대학 과학 기술 및 정책 전공 겸직 교수이기도 하다. 지은 책으로 『생명』과 공저인 『생명 공학과 인간의 미래』, 『멋진 신세계와 판도라의 상자』, 『의학과 문학』, 『세계 자연사 박물관 여행』 등이 있다.

윤태웅 고려 대학교 전기 전자 공학부 교수

서울 대학교 제어 계측 공학과에서 학부와 석사 과정을 마치고, 옥스퍼드 대학교에서 제어 이론 연구로 박사 학위를 받았다. 한국 과학 기술 연구원(KIST)에서 편안하게 연구하다, 1995년부터 고려 대학교에서 학생들과 함께하고 있다. 강의실에서는 논리적 사고와 수학적 사고를 강조하고 한국어 바로 쓰기에 관해 이야기하기도 한다. 대학원생들과는 연구 윤리를 주제로 토론하기도 한다. 커피 내려 마시길 즐기고, 절터 유람하며 사진 찍길 좋아한다.

이강영 경상 대학교 물리 교육과 교수

서울 대학교 물리학과를 졸업하고 KAIST에서 입자 물리학 이론을 전공해서 박사 학위를 받았다. 고등 과학원, 서울 대학교, 연세 대학교 연구원 및 KAIST, 고려 대학교, 건국 대학교 연구 교수를 거치며 힉스 입자, 여분 차원, CP 대칭성, 암흑 물질, 가속기에서의 입자 물리학 현상 등 입자 물리학의 여러 주제에 대해 60여 편의 논문을 발표했다. 저서 『LHC 현대 물리학의 최전선』으로 2011년 한국 출판 문화상을 받았고, 『보이지 않는 세계』, 『파이온에서 힉스 입자까지』를 썼다. 현재는 경상 대학교 물리 교육과 교수로 재직하면서 우주와 물질의 근원에 대해 연구하고 있다.

이명현 과학 저술가/천문학자

네덜란드 흐로닝언 대학교 천문학과에서 박사 학위를 받았다. '2009 세계 천문의 해' 한국 조직 위원회 문화 분과 위원장으로 활동했고 한국형 외계 지적 생명체 탐색(SETI KOREA) 프로젝트를 맡아서 진행했다. 현재 과학 저술가로 활동 중이다. 『빅히스토리 1: 세상은 어떻게 시작되었을까?』와 『이명현의 별 헤는 밤』, 『과학하고 앉아 있네 2: 이명현의 외계인과 UFO』를 저술했다.

이상욱 한양 대학교 철학과 교수

서울 대학교 물리학과를 졸업하고 동 대학원에서 양자적 혼돈 현상에 대한 연구로 석사 학위를 받은 후, 과학사 및 과학 철학 협동 과정으로 옮겨 과학 철학 박사 과정을 마쳤다. 그 후 런던 대학교에서 자연 현상을 모형을 통해 이해하려는 작업에 대한 연구로 철학 박사 학위를 받았고, 이 논문으로 2001 년 '로버트 맥켄지상'을 수상했다. 그 후 런던 정경 대학 철학과 객원 교수를 거쳐 현재 한양 대학교 철학과 (과학 기술 철학) 교수로 즐겁게 학생을 가르치며 배우고 연구하고 있다. 지은 책으로(이하 공저) 『과학 윤리 특강』, 『욕망하는 테크놀로지』, 『과학으로 생각한다』, 『과학 기술의 철학적 이해』, 『뉴턴과 아인슈타인: 우리가 몰랐던 천재들의 창조성』 등이 있다.

이정모 서울 시립 과학관 관장

연세 대학교 생화학과와 동 대학원을 졸업하였다. 독일 본 대학교 화학과 박사 과정에서 수학하였으나 박사는 아니다. 안양 대학교 교양학부 교수를 거쳐 현재 서울 시립 과학관 관장으로 일하고 있다. 『과학하고 앉아 있네 1: 이정모의 공룡과 자연사』, 『달력과 권력』, 『유전자에 특허를 내겠다고』 등을 썼고 『마법의 용광로』, 『인간 이력서』, 『매드 사이언스북』 등 독일어와 영어로 된 책을 우리말로 옮겼다.

이종필 건국 대학교 상허 교양 대학 교수

서울 대학교 물리학과를 졸업하고 같은 대학교 대학원에서 입자 물리학으로 석사, 박사 학위를 받았다. 한국 고등 과학원, 연세 대학교, 고려 대학교 등에 재직했다. 현재 건국 대학교 상허 교양 대학 교수로 재직 중이다. 저서로는 『물리학 클래식』, 『이종필의 아주 특별한 상대성 이론 강의』 등이 있으며, 번역서로는 『블랙홀 전쟁』, 『최종 이론의 꿈』, 『물리의 정석: 고전 역학편』, 『물리의 정석: 양자 역학편』, 『스티븐 호킹의 블랙홀』 등이 있다.

장호건 국가 핵융합 연구소 선행 물리 연구부장

고려 대학교 전기 공학과를 졸업하고 재야 학회인 성남 물리학회에서 물리를 접한 후 KAIST 물리학과에서 핵융합 플라스마 물리학 이론으로 박사 학위를 받았다. 이후 KSTAR 장치의 물리학적 설계 계산과 핵융합 플라스마의 거시적 안정성 등에 관한 연구를 수행하였으며 국가 핵융합 연구소(WCI) 핵융합 이론 센터 부센터장을 역임하고 현재 선행 물리 연구부장으로 재직하고 있다.

정준호 과학 저술가/기생충학자

런던 위생 열대 의학 대학원에서 기생충학 석사를 졸업했다. 기생충과 사랑에 빠진 기생충 애호가로서 기생충에 대한 오해를 풀고, 그들의 매력을 홍보하기 위한 일들을 하고 있다. 스와질란드와 탄자니아에서 기생충 관리 사업 담당자로 일하기도 했다. 『기생충, 우리들의 오래된 동반자』를 쓰고 『말라리아의 씨앗』을 옮겼다.

채승병 삼성 경제 연구소 수석 연구원

KAIST 물리학과에서 비선형 동역학과 복잡성 과학을 연구하였으며, 통계 물리학 연구 방법론을 금융 시장에 적용한 경제 물리학으로 박사 학위를 받았다. 졸업 후인 2006년부터 삼성 경제 연구소 복잡계 센터에 합류하여 광범위한 경제, 경영 현안을 복잡성 과학의 시각으로 분석하고 시뮬레이션 기법을 적용해 해법을 모색해 왔다. 이러한 문제 의식하에서 한국 정책 수립의 근간이 되는 지식의 생성-유통-소비 구조를 분석한 정책 지식 생태계 연구, 과거 외환 위기 및 금융 위기 당시의 국내외 경제 주체들의 상호 작용 동학 연구, 급격하게 변화해 가는 경영 환경 속에서 빠르게 적응, 변신해 나갈 수 있는 기업의 역량 연구 등 여러 경제, 경영 분야 연구를 수행하였다. 2011년부터는 빅 데이터 분야의 정책 연구 및 현장의 각종 분석 과제에 매진하고 있다. 저서로는 『빅 데이터, 경영을 바꾸다』, 『변신력, 살아남을 기업의 비밀』, 『이머전트 코퍼레이션』, 『복잡계 개론』 등이 있다.

황재찬 경북 대학교 천문 대기 과학과 교수

서울 대학교 천문학과를 졸업하고, 미국 텍사스 대학교에서 천문학 박사 학위를 받았으며 지금은 경북 대학교 천문 대기 과학과 교수로 재직하고 있다. 전공은 우주론이며 우주 생물학과 인간의 미래에 관심을 가지고 있다.

찾아보기

과학 수다 1권

뇌 과학에서 암흑 에너지까지
누구나 듣고 싶고 말하고 싶은 8가지 첨단 과학 이야기

1판 1쇄 펴냄 2015년 6월 12일
1판 9쇄 펴냄 2022년 10월 15일

지은이 이명현, 김상욱, 강양구
펴낸이 박상준
펴낸곳 (주)사이언스북스

출판등록 1997. 3. 24.(제16-1444호)
(06027) 서울시 강남구 도산대로1길 62
대표전화 515-2000, 팩시밀리 515-2007
편집부 517-4263, 팩시밀리 514-2329
www.sciencebooks.co.kr

ISBN 978-89-8371-739-9 (1권)
    978-89-8371-738-2 (전2권)